减缓环境影响的泄洪消能技术

张东　王志刚　付辉　著

中国水利水电出版社
www.waterpub.com.cn
·北京·

内 容 提 要

　　泄洪消能是水利水电工程维持正常运行的重要环节,不仅事关枢纽建筑物的安全,还涉及周边区域及河道的生态环境保护。如何协调泄洪安全与生态环境保护已成为当今我国水电可持续发展的一个重要探索方向。在"十三五"国家重点研发计划课题(编号:2016YFC0401706)的支持下,本书对泄洪消能的生态环境影响特征进行了分析,并选择可减轻环境影响的宽尾墩-台阶面-跌坎型底池组合式消能技术、环境友好型旋流竖井内消能技术和孔板式内消能技术等三种泄洪消能技术进行了介绍,以期为同行提供借鉴,助力环境和谐水利水电事业的发展。

　　本书可供水利工程、环境保护工程相关专业师生及研究人员参考阅读。

图书在版编目（ＣＩＰ）数据

减缓环境影响的泄洪消能技术 / 张东等著. -- 北京:
中国水利水电出版社, 2022.10
　　ISBN 978-7-5226-1048-1

　　Ⅰ. ①减… Ⅱ. ①张… Ⅲ. ①环境影响—泄洪消能
Ⅳ. ①TV135.2

中国版本图书馆CIP数据核字(2022)第188581号

书　　名	**减缓环境影响的泄洪消能技术** JIANHUAN HUANJING YINGXIANG DE XIEHONG XIAONENG JISHU
作　　者	张　东　王志刚　付　辉　著
出版发行	中国水利水电出版社 (北京市海淀区玉渊潭南路 1 号 D 座　　100038) 网址：www.waterpub.com.cn E-mail：sales@mwr.gov.cn 电话：(010) 68545888 (营销中心)
经　　售	北京科水图书销售有限公司 电话：(010) 68545874、63202643 全国各地新华书店和相关出版物销售网点
排　　版	中国水利水电出版社微机排版中心
印　　刷	天津嘉恒印务有限公司
规　　格	184mm×260mm　16 开本　13 印张　316 千字
版　　次	2022 年 10 月第 1 版　2022 年 10 月第 1 次印刷
定　　价	**128.00 元**

　　水利水电工程对生态环境的影响日益受到社会各界的关注，部分工程在发挥防洪、发电、灌溉等综合效益的同时，其运行过程中产生的环境问题不仅对生态系统健康和社会、自然环境造成一定的危害，也给旨在解决民生问题的水利水电工程建设蒙上一层阴影，引起一些争议。泄洪消能是水利水电工程维持正常运行的重要环节，不仅事关枢纽建筑物的安全，还涉及周边区域的生态环境问题。在长期的运行过程中洪水集中下泄形成的冲刷淤积使得下游河床的地形地貌、床质及水流流态发生明显变化；泄洪雾化会改变局部范围内的温度、湿度及能见度，妨碍交通，较强的雾化降雨可能引起河岸滑坡崩塌；泄洪消能过程中的水气掺混流动可增加水体溶解气体含量导致水流产生溶解气体过饱和现象，严重时引起鱼类的死亡；泄洪消能还可能引发附近建筑物低频振动及气流脉动，影响人们的正常生活。这些泄洪消能引起的次生危害问题已经成为制约水利水电工程开发建设的因素之一，尤其对于生态环境比较脆弱地区，也可能成为限制水利水电开发建设的关键因素。因此，采取适当的泄洪消能技术以缓解泄洪消能安全运行与周边环境影响的矛盾，有利于促进水利水电工程建设的可持续发展。鉴于此，笔者结合自身的工作实践，选择了宽尾墩-台阶面-跌坎型底池组合消能技术、环境友好型旋流竖井内消能技术和多级孔板内消能技术等环境影响程度较低的泄洪消能技术进行介绍，以期为同行提供借鉴，助力环境和谐水利水电事业的发展。

　　本书共分为5章，其中第1章由张东编写，简要叙述了消能工的主要型式及其特点，阐述了泄洪消能对生态环境的影响；第2章由王志刚编写，介绍了宽尾墩-台阶面-跌坎型底池组合式消能工的结构组成，描述了这种组合消能工各部位的水流流态和流速分布，阐释了组合消能工的沿程压力分布规律、脉动压强特性、水流掺气特性，藉助减压模型试验分析台阶坝面的水流空化特性；第3章由付辉编写，介绍了环境友好型旋流竖井内消能工的结构组成及布置方式，提出了环境友好型旋流竖井内消能工的设计理论和水力特性分析计算方法，以安徽桐城抽水蓄能电站下水库旋流竖井内消能泄洪洞为案例，详细描述了环境友好型旋流竖井内消能工的水流流态、流速分布、动水压强特性及消能效果，分析了不同下泄流量情况下水流的总溶解气体浓度沿程变化规律，并给出了降低总溶解气体浓度的消减措施；第 4 章由张东编写，介绍了孔板式内消能工的结构组成以及孔板洞室内的水流流动特征，基于大型孔板泄洪洞的原型观测和模型试验资料，分析了多级孔板内消能工的时均压强沿程变化规律、脉动压强特性、消能效果及缩尺效应对孔板初生空化的影响，提出了反映模型尺度和孔口流速效应的孔板式内消能工初生空化数的缩尺效应修正方法；第 5 章由王志刚编写，主要对减轻环境影响的泄洪消能技术进行了展望。本书由王志刚进行全文统稿，张东进行校正。

本书受到"十三五"国家重点研发计划课题（编号：2016YFC0401706）的支持，限于编者认识水平，书中不免存在一些缺陷及错误，敬请读者批评指正。

作者

2022 年 8 月

第1章
概　述

1.1　泄洪消能技术简述

1.1.1　设计原则

泄洪消能是保障水利水电工程安全运行的重要技术。众所周知，泄水建筑物作为水利水电枢纽工程泄放洪水的主要通道，其过流断面远小于自然河道的过流断面，下泄水流流速大，集中下泄高速水流蕴含的巨大能量大于自然河道水流的能量，改变了河道水流的动力作用及边界条件。如果经过泄水建筑物下泄的高速水流未能采取适当的消能防冲措施，就会造成下游严重冲刷，危及枢纽工程的安全及岸坡稳定。选择合理的泄洪消能布置方案和防冲措施，使泄洪建筑物下泄的高速水流与下游河道的缓慢水流妥善衔接是枢纽工程安全运行和正常发挥工程效益的重要保障。显然，泄水建筑物的水头越高，下泄流量越大，使得下泄水流携带的能量增大，其消能防冲的任务也越艰巨。特别是峡谷地区的高水头、大流量水电工程，如我国的溪洛渡水电工程，最大坝高 285.5m，设计最大泄洪功率接近 10 亿 kW，不仅下泄水流能量巨大，而且坝后河道空间狭窄，更是加剧了下游消能防冲任务的难度。选择安全可靠和经济合理的泄洪消能方式牵涉的因素较多，十分复杂，不仅要考虑枢纽工程泄泄流量的大小和水头的高低，还需根据河道的地形地质条件，如河道宽度、河谷形状、河床的抗冲能力等，兼顾河道水深及水流流动方向，综合协调挡水建筑物、泄水建筑物和兴利建筑物三者之间的关系。由于河道的地形、地质及水文条件千差万别，其消能防冲设计没有一个固定模式，需要根据具体工程的实际情况进行布置及选型，一般需满足以下要求：

（1）泄洪消能布置与枢纽其他建筑物及附近地形的相互协调，选择的泄洪方式应与工程的泄洪运行要求、枢纽消能区域的地形地质条件相适应。

（2）选择的消能工应能有效地消散下泄水流所含的剩余动能，并在较短的距离内使经消能工泄放的水流与下游河道的原有水流获得妥善的衔接，冲刷不能危及大坝及主要建筑物的安全，亦不能造成河道岸坡严重冲刷。

（3）主流尽量顺应河势，以改善下泄水流的归槽条件，控制涌浪、回流、水花、旋滚、波浪等不利流态在允许的范围内，使消能工下游水流于尽可能短的距离内转变为河道的原有水流状态。

（4）消能工的结构型式应尽可能简单易行，方便施工，适应高速水流特点，平滑顺

1

直，以避免高速水流可能引起的空蚀、脉动、振动、磨损、冲刷等破坏作用，保证泄洪消能的可靠性。

（5）力求经济合理。从枢纽工程的总体出发，结合长期的利益综合考虑，应减少工程量、降低工程造价，做到施工方便、工期缩短、建成后长期运行管理运用便利，以及维护检修费用节省。

1.1.2　常见型式

挑流消能、底流消能和面（戽）流消能是三种主要的消能型式，在长期的工程实践中，为满足水利水电工程开发建设的需要，适应具体工程主要建筑物的布置、水文条件、地形地质条件、施工条件和泄洪运行要求等，遵循"确保枢纽大坝和主要建筑物在长期运行和施工中的安全，技术可行，且经济合理"的基本原则，形成了型式多样的泄洪消能技术。按照结构体型和水流特征消能工大致可分为以下几种类型：挑流消能工、底流消能工、面（戽）流消能工、宽尾墩组合式消能工和洞室内消能工。

1. 挑流消能工

挑流消能是利用高速水流流动方向的可导性和挑射水舌形状的可变性，在泄水建筑物的末端设置挑坎将高速水流抛射到远离建筑物一定距离的河道内实现能量耗散的消能方式。高速水流在挑坎的作用下被抛射到空中向四周扩散，掺入大量空气，其扩散掺气过程中伴随一部分能量损耗。然后掺气水流跌入河道在水垫中继续扩散，并在主流附近形成较大的旋滚区，伴随卷吸空气，与周围水体剪切掺混，消散水流的大部分动能。典型挑流消能剖面示意如图 1-1 所示。由于挑流消能工结构简单，当下游地质条件较好时，采用挑流消能型式较为经济合理，是大多数大型水利水电工程采用的泄洪消能型式。

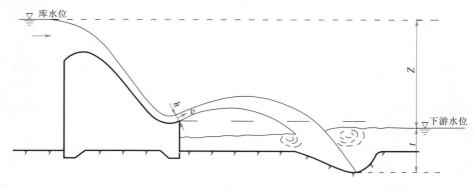

图 1-1　典型挑流消能剖面示意图

为了适应于各种地形地质条件，增强消能效果，减轻下游冲刷和避免挑坎的空蚀损坏，形成了多种型式的挑流消能工，按照挑坎的体型特征可以分为连续式挑坎、差动式挑坎、窄缝式挑坎和异型挑坎等型式。

（1）连续式挑坎是在泄槽末端利用反弧曲面形成的挑坎。这种挑坎的结构简单，流态稳定，不易空蚀，且施工方便，工程量小，适用于下游河道开阔、河床岩石比较完整的工程。连续式挑坎按照其断面宽度变化又可分为等宽型挑坎、扩散型挑坎和收缩型挑坎，其中扩散型挑坎可以促使水舌横向扩散，减小单宽流量，增强消能效果，减轻对下游河道的冲刷。

（2）差动式挑坎是齿、槽相间布置的一种挑坎。高坎（齿）的挑角和坎顶高程分别大于低坎（槽）的挑角和坎顶高程，高、低坎的作用在于使高速水流挑离鼻坎时将射流水舌上下分散，加强水舌在空中的扩散、紊动、掺气以及入水后潜入水垫过程中的紊动扩散，可显著增大挑射水舌的入水面积，提高消能效果，有利于减弱水流对河床的冲刷。差动式挑坎的齿槽段容易出现分离水流，在水流流速较高的情况下其分离水流可能诱发水流空化，导致挑坎产生空蚀破坏。

（3）窄缝式挑坎是在泄水建筑物的出口段将过流断面的宽度大幅收缩，到末端收缩成高而窄的一种挑坎。窄缝式挑坎的水流特征是射流水舌横向缩窄，纵向扩散拉伸，形成宽度很小而厚度很大的纵向扩散形态。出坎射流的挑角沿高程升高逐渐增大，其水舌在空气中上下充分扩散，卷吸掺气作用强烈，水舌入水后顺水流方向继续扩散，可增大紊动消能水体体积，提高消能效果，减轻对河床的局部冲刷。窄缝式挑坎射流水舌的入水区域呈纵向拉开的窄而长的条状带，尤其适用于狭窄的河谷。窄缝式挑坎的收缩比 b/B 一般采用 $1/3 \sim 1/5$，b 为窄缝宽度，B 为收缩前的泄槽宽度，挑坎出口断面可以呈矩形、梯形、Y 形和 V 形等多种形状，其收缩段的边墙可以是直线型，也可以为曲线型。

（4）异型挑坎是底面和边墙由多种曲面组合而成的挑坎，主要型式包括扭曲挑坎、贴角挑坎、斜切挑坎、舌型挑坎、燕尾型挑坎、边墙非对称收缩挑坎和边墙非对称扩散挑坎。异型挑坎特点在于充分利用挑射水流方向的可导性及水舌形态的易变性，采用不同形状的曲面组合形成型式各异的挑坎以适应河道复杂的地形地质条件。在下游河道狭窄弯曲或泄槽轴线与河道中心线夹角较大的情况下，合理的异型挑坎可使挑流水舌挑落在预定的适当位置，减轻挑流水舌对岸坡的影响。

2. 底流消能工

底流消能是指经泄水建筑物的平底或斜坡泄槽下泄的急流遇到足够深的缓流顶托时将产生水跃消耗能量，使流态迅速转变为缓流的消能方式，故又称水跃消能。在水跃段内，主流位于水流底部，水体于表层旋滚与主流区的交界面之间发生强烈的剪切、紊动与掺混作用，不断将主流动能通过水体的旋涡运动转化为热能而耗散掉；底部主流沿程扩散时受到固体边界摩擦，损耗部分能量。底流消能具有流态稳定、消能效果较好、对地质条件和尾水水位变化适应性较强、泄洪雾化轻微等优势，能够适应高、中、低不同水头。对于高水头、大流量的高坝工程，底流消力池几何尺寸较大，修建费用比较昂贵，而且护坦前端承受高速水流脉动荷载问题比较突出，容易发生空蚀和磨损。

底流消能工的水力设计要求下游水深应等于或略大于水跃的第二共轭水深，以便消力池池内形成稳定的水跃流态，实际工程中为了调控下游水深使其与水跃共轭水深相匹配，常常采用以下三类布置型式：第一类降低护坦高程；第二类在护坦末端修建尾坎以壅高水位；第三类适当降低护坦高程并修建尾坎，形成下挖-壅水的组合式消力池。常规底流消力池的三类布置型式剖面示意如图 1-2 所示。

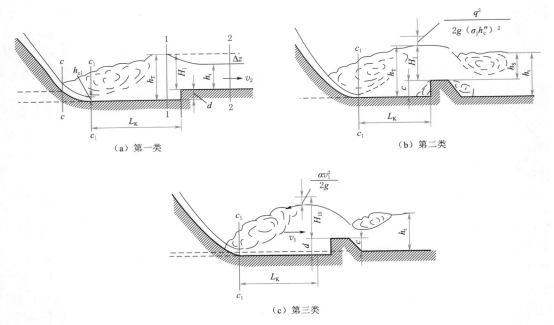

（a）第一类　　　　　　　　　　　　　　（b）第二类

（c）第三类

图 1-2　常规底流消力池的三类布置型式剖面示意图

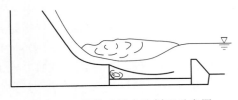

图 1-3　跌坎式消力池剖面示意图

跌坎式底流消能工是在常规底流消力池的池首设置一定高度的跌坎，形成跌坎式消力池，跌坎式消力池剖面示意如图 1-3 所示。跌坎式消力池的水流流态特征是下泄水流在跌坎处以淹没射流的形式射入消力池水体中，射流主体处于水体的下层，在射流的剪切作用下，上层水体形成表面横轴旋滚，水流发生强烈剪切掺混，消杀大部分能量。高速主流经一定距离扩散后到达底部，跌坎后护坦与主流之间形成流速相对较低的回流区，可以大幅度地降低消力池的临底流速，减小消力池底板的脉动荷载。

3. 面（戽）流消能工

面（戽）流消能是利用在泄水建筑物末端设置的跌坎把下泄的高速水流引导至下游水流表面，借助底部旋辊和表层主流的剪切扩散消耗能量的消能方式，其特点是高流速的主流在一定距离内集中在表面，从而减轻对下游河床的冲刷。按照面流消能工的体型可分为跌坎面流消能工和戽流消能工。跌坎面流消能工的跌坎设置高程较高，坎顶仰角较小，下泄主流位于水流表层，经过一定距离逐渐扩散到整个断面，坎后主流与河床之间为一个较大的旋辊区。戽流消能工的消力戽戽底高程较低，戽坎仰角较大，挑出戽坎的主流首先形成较高的涌浪，涌浪曲率较大，在涌浪前后及下部都有比较强烈的表面横轴旋辊，典型的戽流消能水流流态为"三滚一浪"，面（戽）流消能工典型水流流态示意如图 1-4 所示。

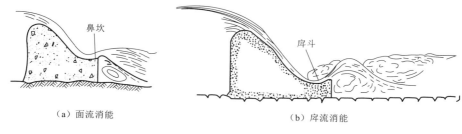

（a）面流消能　　　　　　　　　　（b）戽流消能

图 1-4　面（戽）流消能工典型水流流态示意图

面流消能适应上下游落差小、下游水深和下泄单宽流量较大，且下游河道两岸的岩石稳定性较好、具有一定抗冲能力的工程。其主要优点是工程量小、施工方便。由于面流消能的尾流波浪较大，延续距离较长，而且水流流态和消能效果对下游水位的涨落变化比较敏感，故在实际工程中应用相对较少。

4. 宽尾墩组合式消能工

宽尾墩是一种尾部厚度大于首部厚度的溢流坝闸墩，通常从闸墩中间的某一部位开始逐渐增大闸墩宽度直至尾部。宽尾墩水流的主要流态特征为：水流在宽尾墩的约束下横向收缩，纵向壅高，形成窄而高的堰面收缩射流，墩后的收缩射流除底部以外是三面临空的自由面，水流沿溢流面下泄并在反弧段横向扩散，相邻水流互相冲撞，加剧水流紊动。宽尾墩组合式消能的主要型式有宽尾墩-挑流、宽尾墩-消力池、宽尾墩-消力戽、宽尾墩-台阶式坝面-消力池等。

（1）宽尾墩-挑流组合式消能工的水流流态示意如图 1-5 所示，宽尾墩后窄而高的三元收缩射流，由于重力和离心力的综合作用，在反弧段急剧扩散、坦化，相邻孔之间的扩散水流彼此交汇、碰撞，激起高立的水冠向下游抛射。水冠扩散大量卷吸空气，消耗部分能量，并使连续式鼻坎上的挑流水舌形成高低相间的水股，其形态类似差动式鼻坎的挑流，增强了纵向扩散效果。这种在连续式鼻坎上的差动水流是由宽尾墩的水流流动结构变化所产生的，但没有常规差动式鼻坎可能存在的空蚀破坏问题。

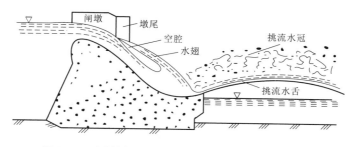

图 1-5　宽尾墩-挑流组合式消能工水流流态示意图

（2）宽尾墩-消力池组合式消能工利用宽尾墩使水流横向收缩形成高而窄的收缩射流，下泄水流进入消力池首的反弧连接段时在水流离心力和重力的双重作用下迅速坦化、横向扩散，在消力池内形成三元水跃。由于相邻水流的顶冲碰击，水股之间产生强烈的动量交换和紊动剪切，加强池内水体的旋滚掺混强度，卷吸空气，提高了单位水体的消能率，池内底部流速减小，水深增大，水面较二元水跃平稳，并可延展底流消能适应的水流条件。

（3）宽尾墩-消力戽组合式消能工水流特征及消能机理与宽尾墩-消力池组合式消能工的水流特征及消能机理本质相同，都是利用宽尾墩在溢流面形成的多股收缩射流在反弧段坦化、扩散，相邻水流交汇、掺混，加强水流的紊动剪切来消耗水流动能。宽尾墩与消力戽组合，与常规消力戽相比，具有戽流流态稳定、消能更加充分、可减轻下游冲刷和减小水面波动等优点，可以较好地解决中高水头、大流量、低佛氏数的消能防冲问题。

（4）宽尾墩-台阶式坝面-消力池组合式消能工的水流特征及消能机理与宽尾墩-消力池组合式消能工的水流特征及消能机理基本相同，其最大优点是台阶式的溢流面可良好适应碾压混凝土的施工特点，对于碾压混凝土坝可以取消二期混凝土施工，简化施工程序，加快施工进度。同时利用台阶过流还可以适当增大沿程能量损失，提高消能效果。但是，在高水头、大流量的情况下，台阶式溢流面存在水流冲击及空蚀破坏的风险，需要结合适当的掺气设施加强对台阶坝面的掺气保护作用。

5. 洞室内消能工

在泄洪洞内设置消能工消耗水流动能以减小其出口水流的能量，降低出口水流流速，有利于泄洪洞出口的消能防冲和水流衔接。泄洪洞内消能工的型式有旋流式内消能、孔板式内消能和竖井式消能等。

（1）旋流式内消能按照旋流涡室的布置方式分为竖井旋流内消能和水平旋流内消能。两种旋流内消能的水流流态共同特征是：①水流在涡室的引导下其流动方向发生改变，并形成空腔螺旋流，加强了水流的紊动和水体内部的剪切力，局部水头损失增大；②由于空腔环流引起的离心力的作用，加剧了水流与壁面的摩擦力，并延长了流程，可增大沿程水头损失。竖井旋流内消能泄洪洞如图 1-6 所示，由进水口、引水道、涡室、竖井、退水隧洞等组成。竖井旋流内消能泄洪洞的涡室设置在竖井的上部，它将水平方向的水流流动过渡为竖直方向的螺旋流动，水流在涡室和竖井内为立轴环流，并在竖井底部形成环状水跃，促使水流强烈紊动、掺混，消耗能量。水平旋流内消能泄洪洞如图 1-7 所示，由进水口、竖井、涡室、水垫塘、退水隧洞等组成。水平旋流内消能泄洪洞的涡室设置在竖井的下部，它将竖直方向的水流流动过渡为水平方向的螺旋流动，水流在涡室内呈横轴环流流态，高速螺旋水流进入水垫塘内在辅助消能工组合作用下，促使水流紊动、剪切、掺混，消耗能量。

（2）孔板式内消能可分为孔板内消能和洞塞内消能两种型式，在有压泄洪洞内按照一定的间距设置孔板或洞塞，利用水流急剧收缩和孔口淹没射流耗损能量的一种消能方式。孔板式消能的主要流态特征是：水流在孔板（洞塞）处产生突然收缩，以孔口淹没射流形态进入孔板洞室，主流周边与周围水体发生强剪切流动，并在孔板或洞塞后形成环状回流旋滚区。孔口淹没射流与周围水体的强剪切流动造成水流剧烈紊动、掺混，消耗水流动能。孔板式内消能可以根据泄洪洞的长度和消能需要设置多级孔板或洞塞，形成多级孔板（洞塞）式消能工，通过连续消能以降低泄洪洞出口的水流流速。多级孔板式消能工布置示意如图 1-8 所示。

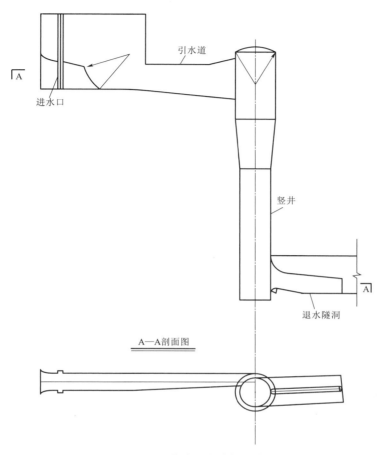

图 1－6　竖井旋流内消能泄洪洞

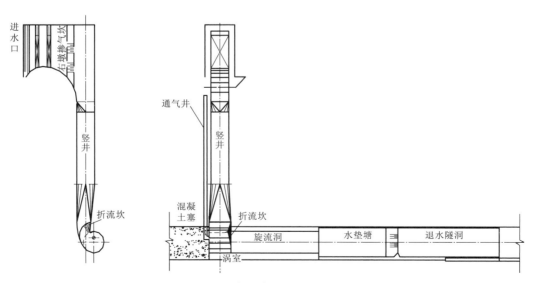

图 1－7　水平旋流内消能泄洪洞

7

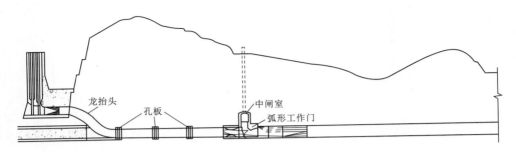

图1-8　多级孔板式消能工布置示意图

（3）竖井式消能工在竖井泄洪洞的末端布置一个消力井，由竖井进水口进入的水流跌落在消力井中，在跌井中形成环状水跃，促使水流紊动、旋滚，伴随水气掺混，以消耗水流动能。这种消能型式受消力井容量限制，一般适用于流量不大的中小型工程。

1.2　泄洪消能对环境的影响

良好的泄洪消能效果是保障枢纽工程安全和充分发挥效益的关键，长期以来，泄洪消能技术的发展主要以保证工程安全和人民生命财产不受损失，并尽可能节省工程投资为目的。在保证安全泄洪方面要求：①采取有效的工程措施可靠地防止消能过程中高速水流可能引起的空蚀、脉动、振动、磨损、冲刷等破坏作用，保证大坝、泄水建筑物、消能工及邻近建筑物的安全；②把涌浪、回流、水花、旋滚、波浪等不利影响控制在允许限度以内，并在尽可能短的距离内转变为河道的原有水流状态。在经济方面，则以保证工程安全和正常发挥效益为前提，尽量减少工程量，方便施工，缩短工期，降低工程造价，并能够有利于建成后的长期运行管理，节省维护检修费用。因此，对泄洪消能工的总体要求是安全而经济地消散高速水流所含的部分或大部分动能，并在较短的距离内使经消能工泄放的水流与下游河道的原有水流妥善衔接。然而，长期的实践证明，泄洪消能不仅与水利水电工程的安全运行关系密切，同时对周围的生态环境有明显影响，主要表现在以下方面：

（1）泄洪引起河道冲淤及河势变化。经泄水建筑物下泄的洪水水流集中、流速高、能量大，使原河道丧失水流的自然冲淤平衡状态，在泄洪消能过程中，水流剧烈紊动、翻滚，伴随产生漩涡、回流、水气掺混，主流集中及水面波动大等复杂水流流态，引起消能区下游附近河道的河床及岸坡的冲刷，水流裹挟冲积物至下游流速较低的河段沉积，导致河床淤积抬高，改变原始河道的自然形态。例如：美国的胡佛大坝在开始运行的一年内河岸被冲刷掉15m之多，开始运行的九年内从大坝以下河床的前145km河道中冲走了1.1亿m³的物质，使河床降低达4m多，这些被冲刷的物质在更下游的地方进一步沉积下来，又使河床逐渐升高。

（2）泄洪雾化引起局地气象条件改变。泄洪消能的高速水流紊动强烈，破碎凌乱的自由表面与界面气流相互作用，在卷吸空气的同时不断向空中激溅零散的水滴或水团，伴生水雾弥漫的泄洪雾化现象。泄洪雾化的降雨强度及雾化覆盖范围与多种因素密切相关，不仅因泄水建筑物的下泄流量和水头大小而异，还受到泄洪消能方式、消能区河道的地形条件及泄洪期间的气象条件等多方面的影响。大量的工程实践运行经验表明，采用挑流消能的大型水利水电工程，泄洪消能引起的局部雾化降雨强度远大于常规的自然降雨强度，我国的二滩水电站在表孔和中孔联合泄洪的运行条件下，消能区附近两岸边坡上实测最大雾化降雨强度达 2000mm/h 以上，在顺河道自然风和水舌风的共同作用下泄洪雾化的水雾可下传至数公里以外。严重的泄洪雾化往往不利于工程安全，并会对周边环境产生一定影响，过大强度的雾化降雨可能冲蚀两岸诱发滑坡，危害电厂和输变电系统的正常运行并中断交通，输运至外围的雾雨可能引起当地局部气温、湿度发生明显变化，影响周边居民日常生活和生产等。例如：龙羊峡水电站和二滩水电站都曾因为泄洪雾化降雨引起岸坡滑坡；李家峡水电站冬季泄洪，泄洪雾化降雨使得消能区附近区域结冰，并由于昼夜温度变化大结冰冰层反复冻融，最终导致部分山体滑坡；黄龙滩水电站泄洪水雾笼罩整个水电站厂区，泄洪雾化降雨产生的地表径流进入厂房，导致厂房集水，严重影响水电站的正常生产发电。泄洪雾化影响现场如图 1-9 所示。

（a）龙羊峡水电站　　　　　　　　（b）李家峡水电站

图 1-9　泄洪雾化影响现场图

（3）泄洪改变下游水体总溶解气体（TDG）含量。泄洪消能过程中高速水流卷入大量气泡，这些受水流裹挟气泡中的部分气体溶解在增压环境下于水体，增大水体溶解气体含量，导致河道水体总溶解气体（TDG）过饱和。大量原型观测数据表明：泄洪消能过程中容易引起河道水体出现溶解气体过饱和现象，从而影响水生生境，并可能直接导致鱼类患气泡病，甚至出现大规模死亡。紫坪铺水电站泄洪时下游 500m 处测量的总溶解气体饱和度最大值为 128.3％；二滩水电站泄洪时的总溶解气体饱和度最大值为 140％；三峡水电站泄洪过程中下游河道水体实测总溶解气体饱和度最大值为 143.0％，其坝下游约 600km 的武汉段河道水体观测到的总溶解气体饱和度最大值为 117.0％；大朝山水电站泄洪时下游4000m 处水文站断面观测到的总溶解气体饱和度最大值为 120.3％；铜街子水电站消力池出口的总溶解气体饱和度最大值高达 154.8％，下游 800m 处新华大桥 TDG 饱和度最大值为 140.9％。美国环保局规定河流 TDG 饱和度不能超过 110％，因为超过这一限度，鱼类有可能患气泡病。对于多级高坝梯级开发的河流，过饱和溶解气体往往呈现出过饱和度高、释放过程缓慢、累积影响突出等特点，对鱼类影响范围可能更大。

高坝泄洪可能在下游一定范围诱发地基场地振动和低频声波，溪洛渡、向家坝和黄金坪等水电站都曾屡屡发生高坝泄洪诱发周边场地振动的问题。严重的场地振动极易引发坝体安全问题和滑坡等次生灾害，引起周围场地、建筑物振动和轻型结构响动，对附近居民的正常生活和工作造成了一定的影响。

1.3　减轻环境影响的泄洪消能技术

泄洪消能方式不同，相应的水流流态亦差异明显，其对周围生态环境影响的方式及影响程度也不同。实际工程的运行效果表明：①大中型水利水电工程中常用的挑流消能具有结构型式简单、消能效果良好、节省投资等优势，但其挑射水流对下游河道冲刷严重，长时间后容易引起下游河道河床形态和水流形态发生变化；②高速挑射水流扩散掺气产生的散射水滴或水雾及水舌入水冲击产生的激溅散射水团伴随风力作用，容易造成较大范围的泄洪雾化，其不仅可能影响工程正常运行和两岸边坡稳定，甚至会改变坝址局地气象条件，影响周边地区的交通及人们的正常生活；③高水头、大流量的挑流消能携带大量气体进入消能水体，可能导致下游河道水流产生溶解气体过饱和现象，如我国的三峡、溪洛渡工程都采用挑流消能方式，泄洪过程中曾经发生过水体溶解气体过饱和引起鱼的死亡现象。相比较而言，底流消能方式水跃区的强紊动水体位于消能池内，出池水流已经转变为流速较低的缓流，可以减轻对下游河道的冲刷。水跃区强烈紊动的自由表面与界面附近气流相互掺混，形成的激溅水滴或水团抛向自由表面周围空间是底流消能的主要雾化源，其雾化强度远不及挑流消能，雾化范围较小，一般不致对周边地区的生产生活造成明显的影响，例如位于金沙江上的向家坝水电站采取带跌坎的底流消能方式有效避免了泄洪雾化对附近化工厂生产环境的危害。洞室内消能工通过结构体型控制水流在泄洪洞内发生紊动、剪切、掺混等急变流动状态实现能量消耗，可以有效降低泄洪洞出口的水流流速，避免或减轻泄洪消能对下游河道的冲刷和泄洪雾化。而且，采用洞室内消能工技术可将导流隧洞改建为永久泄洪洞或生态流量放水洞，不仅能够减少工程量，节省投资，而且可以缓解枢纽布置和泄洪消能受空间场地限制的紧张局势。鉴于此，本书选择如下几种泄洪消能技术为代表，对可减轻环境影响的泄洪消能技术进行介绍。

（1）宽尾墩-台阶面-跌坎型戽池组合式消能技术。该技术是一种结合坝身施工建造的泄洪消能技术，其利用宽尾墩对水流的挤压分散作用实现水流的扩散，利用水流在空中的扩散和在下游戽池水体的混掺实现消能。该消能工有效地借助宽尾墩对水流的分散作用实现泄流的有效消能并将雾化范围局限于较小的范围内，利用跌坎减轻了水流对戽池底部的冲击，同时在经过戽池水体的消能作用后，出流水流对下游河床河岸的冲刷作用显著减弱，因此是一种可减轻环境影响的泄洪消能技术。

（2）环境友好型旋流竖井内消能技术。该技术是一种设置于泄洪洞内的泄洪消能技术，其一方面通过增加水流阻力的方式提升泄流的消能效果，另一方面利用泄流与竖井井底消能水体的混掺实现消能。该泄洪消能技术采用自起旋结构型式诱发旋流，且消能过程基本全部发生在竖井中，可显著减轻对周围环境的扰动和影响，是一种可减轻环境影响的泄洪消能技术。

（3）孔板式内消能技术。该技术同样是一种设置于泄洪洞内的泄洪消能技术，其通过孔板对水流进行缩放，强制水流形成有压淹没射流进行混掺消能，从而降低泄洪洞的出流流速，减轻出流对下游河道及周围环境的影响。

第 2 章
宽尾墩-台阶面-跌坎型戽池
组合式消能技术

宽尾墩是指墩尾加宽成尾翼状的闸墩，属于我国首创的一种墩型。在实践中，宽尾墩通常不独立工作，而是作为溢流闸或溢洪道的闸墩与底流、挑流、戽流等其他消能工联合使用，且往往水力特性和消能效果俱佳，因此得到了广泛的应用。其中，台阶式溢流坝也是常与宽尾墩一起使用的消能工型式，且常与下游的消力戽池共同组成宽尾墩-台阶面-戽池组合式消能工，如水东、大朝山、索风营、阿海、DG 等水电站均采用这种组合式消能工。从理论上分析，该组合式消能工综合了宽尾墩、台阶消能、戽池消能的优点，可以较好地适应泄放不同大小流量的水力条件，在下泄流量较小的情况下可以利用台阶沿程消耗水流的部分能量，减轻消力戽池的负担；在下泄流量较大的情况下，水流在宽尾墩的作用下，增强在空气中的扩散、紊动，形成三元水跃，消能充分，有利于实现下泄水流与下游水流的妥善衔接。但相关研究发现，在下泄流量大时戽池段首部附近底板的脉动压力较大，不利于底板的安全，如某水电站表孔采用了 X 型宽尾墩-台阶面-戽池组合式消能工的体型，在下泄流量约 $105\text{m}^3/(\text{s}\cdot\text{m})$ 时，戽池首部附近底板的脉动压力均方根值即达到了 60kPa，不利于底板结构的稳定。跌坎型戽池是一种能适应高水头、大流量的新型消能工，与其他消能工相比，具有消能率高、入池流态稳定、对地质条件适应性强以及水流雾化小等优点，鉴于此，将跌坎型戽池消能技术与宽尾墩-台阶面-戽池组合式消能工相融合，形成了宽尾墩-台阶面-跌坎型戽池组合式消能技术。

2.1 结构组成

宽尾墩-台阶面-跌坎型戽池组合式消能工主要由宽尾墩、台阶式溢流坝、跌坎型戽池三部分组成，三者之间相互衔接，共同实现过流与水流余能消杀。典型宽尾墩-台阶面-跌坎型戽池组合式消能工如图 2-1 所示。

2.1.1 宽尾墩

宽尾墩是宽尾墩-台阶面-跌坎型戽池组合式消能工的上游端，其通常位于泄水建筑物溢流堰的下半部分堰面处，下游则直接与台阶式溢流坝面相衔接。泄放水流通过宽尾墩时会根据宽尾墩的结构体型调整流量分布，改变下泄水流水舌形态及入池水流的水力边界条件，促使水流在空气中分散，增强水流紊动掺气以及入池水流的剪切作用，提高下游单位水体的消能率。显然，宽尾墩的型式和几何参数都会直接影响消能效果。目前在工程上常用 Y

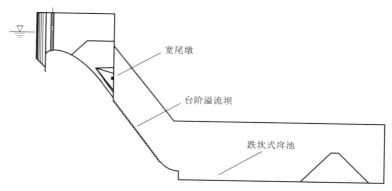

宽尾墩

台阶溢流坝

跌坎式戽池

图 2-1　典型宽尾墩-台阶面-跌坎型戽池组合式消能工（单位：m）

型宽尾墩、X 型宽尾墩等。宽尾墩的特征参数包括：

收缩比 λ

$$\lambda = \frac{B'}{B} \qquad (2-1)$$

尾端折角 θ

$$\theta = \arctan\left(\frac{B - B'}{2L}\right) \qquad (2-2)$$

始折点位置参数 ξ_1、ξ_2

$$\xi_1 = \frac{x}{H_d} \qquad (2-3)$$

$$\xi_2 = \frac{y}{H_d} \qquad (2-4)$$

式中：B 为未设置宽尾墩时的泄槽宽度；B' 为设置宽尾墩后最窄处的泄槽宽度；L 为宽尾墩上游收窄段的纵向长度；x、y 分别为堰顶至下游始折点的水平、垂直距离；H_d 为定型水头。

对于 X 型宽尾墩，根据结构特点的不同，分为底宽段、中部束窄段和顶部复宽段。对于 Y 型宽尾墩则无底宽段。典型 X 型宽尾墩体型图如图 2-2 所示。

1. 收缩比

收缩比 λ 对于下游水流流态及消能防冲效果影响很大。随着收缩比的变化，水流运动特性也会随之变化。当收缩比 λ 较小时，水流沿纵向的扩散程度加强，水流的掺气及下游的消能防冲效果较好，但过小的收缩比会导致宽尾墩处的水位过高，水流稳定性变差，并在一定程度上影响溢流堰的泄流能力。而当收缩比 λ 较大时，则下泄水流分散不充分，其纵向拉伸程度不足，影响消能效果。因此，选择合理的收缩比通常是宽尾墩体型设计的关键之一。有试验研究显示，收缩比 λ 一般取值为 0.4～0.7 之间较为合理，不过由于不同工程中泄水建筑物结构体型、目标泄量、下游消能防冲能力等的差异很大，在进行收

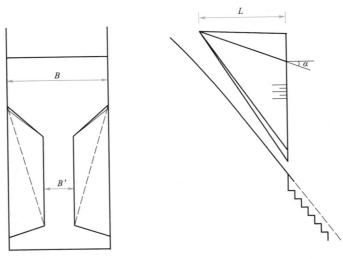

图 2-2　典型 X 型宽尾墩体型图（单位：m）

缩比选取时宜根据实际情况具体确定。特别地，对于 X 型和 Y 型的宽尾墩，因大流量泄流时可通过顶部复宽段过流，为提高小流量泄洪时的消能效果，其收缩比 λ 的取值可以更小。

　　2. 尾端折角

　　众所周知，水舌在宽尾墩处主要受三方面的作用力，即侧向（收缩）挑流作用、侧（垂）向压力梯度作用、重力作用。在这三方面作用力的共同作用下，水流在宽尾墩处实现了流态及水舌形态的变化。显然，尾端折角 θ 是影响宽尾墩出流水舌宽度及水流扩散效果的重要参数。尾端折角越大，宽尾墩侧面与主流方向的交角越大，水流对墩体单位面积的作用力越大，水体自身受到的收缩挤压作用也越剧烈。在尾端折角过大的情况下，水流在流至宽尾墩处时易出现表层水流快速上窜、产生强烈水翅、水舌形态不易控制的现象。为此，在工程中，应根据宽尾墩处泄流水体的水流流速及结构体型特征选用适当大小的尾端折角，配合足够纵向长度的宽尾墩将水舌调整到可控的范围内。

　　3. 始折点位置

　　从水力学的角度分析，始折点越靠近堰顶，水流进入宽尾墩时越平顺，且可以更好地控制急流冲击波的高度，有利于形成稳定的水流流态。但是，如果始折点过于靠近堰顶则会影响泄水建筑物的泄流能力。安康水电站的试验成果表明：不影响过流能力的始折点位置参数应为 $\xi_1 > 0.85$ 和 $\xi_2 > 0.37$。在实践中，为了良好地实现水流的横向收缩及纵向拉开，需要根据具体工程采用的相应宽尾墩体型，诸如侧墙倾斜型、贴角型，及宽尾墩起折高度等因素，确定恰当的始折点位置。

2.1.2　台阶式溢流坝

　　台阶式溢流坝位于宽尾墩-台阶面-跌坎型庐池组合式消能工的中部位置，上游接续宽尾墩，下游通过反弧与庐池衔接。对于碾压混凝土坝采用台阶式的溢流坝面可以简化施工程序，加快施工进度，并具有辅助消能作用。这种组合式消能工中部位置的台阶式溢流面就水力学方面而言，其主要功能为小流量泄洪时的消能及大流量时的掺气护底。此外，在大流量泄洪时，其下游端还会承接一部分的跌流水体。

台阶式溢流坝因其外形呈台阶状而得名，有时亦称阶梯式溢流坝。台阶式溢流坝面的特征尺寸即为台阶高度 h 和台阶宽度 l，以及由其计算得到的高宽比。已有的研究表明：台阶式溢流坝面的水流存在水舌流和滑移流两种典型的流态。当流量较小时，在跌落区内产生完全水跃或不完全水跃，跌水的水舌下缘与大气相通并具有自由面，即形成了水舌流。当形成滑移流时，其台阶被旋滚水垫充填，水流越过台阶下泄，水流跌落到台阶表面的最终结果是增加了能量损失，同时也降低了空蚀的可能性。从理论上来看，单独的台阶式溢洪道只宜在低溢流水头或小单宽流量下运行，以使台阶能充分影响到整个水舌的厚度，即水舌因碰击台阶而使流速减小并可形成全水深的掺气，台阶上的水流运动则可以视为均匀流。随着水深的增加，台阶的影响将逐渐减小，接近台阶的水流紊动较强烈，而在边界层到达水面形成水面掺气之前则存在一个密实的水带，在这种情况下，泄流水体的流速减幅有限，而能量的耗散也较小。

2.1.3 跌坎型戽池

跌坎型戽池通常用来承接水流和消能，其工作原理为入射水流在消能池内形成稳定的三元水跃，经宽尾墩收缩形成的窄而厚的射流在反弧离心力和重力作用下迅速坦化，上部部分水流以射流方式冲击池内水体，在消力池内引起剪切面附近水体剧烈旋滚、混掺，同时大量空气被卷吸入水中形成水气混杂的两相流，增强了水流的掺气效果，提高了消力池的消能效率。良好的跌坎式戽池设计可有效提高消能率，并减小池底的临底流速，保证结构安全。跌坎式戽池体型的确定通常需考虑泄量的大小、水流入池的方式、出口是否设置升坎等多方面的因素，其水力设计计算理论还不成熟，在实践中合适的体型通常需要通过模型试验的方式经比较选择确定。

2.1.4 典型结构

根据宽尾墩-台阶面-跌坎型戽池组合式消能工的设计思想，结合已建类似工程的特点，拟定典型结构体型如下：该宽尾墩-台阶面-跌坎型戽池组合式消能工布置于溢流表孔下游，用以消耗溢流表孔下泄水流携带的余能。该溢流表孔沿坝段长为98.0m，溢流前缘宽为18.9m，堰顶控制断面尺寸为14.0m×21.5m（宽×高），堰顶原点上游为椭圆曲线，下游为幂曲线。堰面曲线在堰顶下游38.29m处与坡度为1:0.75的陡坡段相切，切点较堰顶低23.27m。宽尾墩布设在幂曲线与陡坡段的结合处，位于幂曲线下游段与陡坡段上部。宽尾墩出口至反弧段起点之间采用阶梯坝面，阶梯坝面的总高差为37.2m，共设30级台阶。其中第一级台阶高为2.4m，其余台阶高为1.2m，台阶宽均为0.9m。反弧段后接消力池，反弧段的半径为15.0m，起点较堰顶低69.12m，终点较堰顶低75.20m。反弧终点与戽池相连。戽池池长为80.0m，池宽为18.9m。池末设置有反坡尾坎，坎顶宽为3.0m，坎顶较反弧段末端高10.0m，坎前反坡坡比为1:2。宽尾墩采用X型宽尾墩型式，收缩比为0.3，长为12.0m，高为17.2m，尾端厚为4.9m。不失一般性，以本结构为例，对宽尾墩-台阶面-跌坎型戽池组合式消能工的水力特性进行说明。

2.2　水流流态

2.2.1　宽尾墩处流态

由于宽尾墩在不同高程上的结构并不相同，因此宽尾墩处的流态也会随着流量的大小而变化。当小流量过流时，来流会沿着溢流面流动，在流经宽尾墩时即从近底部的过流通道直接通过进入台式溢流面区。水流没有受到宽尾墩约束，以常规溢流面的水流流态跌落至台阶坝面上后，由于受到台阶坝面的干扰，水流表面破碎，台阶面上形成旋滚卷吸空气，形成水气掺混的两相流。单宽流量为 $24.5\mathrm{m^3/(s \cdot m)}$ 时，X 型宽尾墩-台阶面-跌坎型底池组合式消能工水流流态如图 2-3（a）所示。

（a）单宽流量为24.5m³/（s·m）时　　（b）单宽流量为64.2m³/（s·m）时　　（c）单宽流量为140.0m³/（s·m）时

图 2-3　X 型宽尾墩-台阶面-跌坎型底池组合式消能工水流流态图

随着泄流量的增大，溢流坝面的水体也随之增厚，受宽尾墩处流道收缩的影响，宽尾墩附近的水体厚度显著增加，水体呈现明显的垂向拉伸状态。当采用 X 型宽尾墩时，随着泄流量的增大，其下宽段的流道会首先被水流填满，随后中部束窄段开始过流，且其水流厚度会随着泄流量的增大而呈快速增大状态。此时，溢流坝面上的水流流态亦随之发生改变，由原来贴底顺滑水流转化为具有典型三维特征的水流流态，即：①表层部分水流受到宽尾墩的约束过流断面束窄，水面壅高，水流收缩形成薄面并在两侧表面伴生击波现象，墩后水流逐渐向两侧扩散，水流掺气剧烈；②宽尾墩尾部的掺气坎后底空腔形态稳定，并与墩后空间直接贯通，形成顺畅的供气通道，掺气坎后的通气效果良好。单宽流量

为 $64.2\text{m}^3/(\text{s}\cdot\text{m})$ 时，X 型宽尾墩-台阶面-跌坎型戽池组合式消能工水流流态如图 2-3（b）所示。

随着泄流量的继续增大，宽尾墩中部束窄段处的水流进一步增厚，当中部束窄段已被水流完全填充之后，宽尾墩的顶部复宽段即开始过水，此时宽尾墩出流水舌的三维特征更加显著。Y 型宽尾墩出口底部为高而窄的片状水舌，底部水舌向两侧扩展，形成了类 T 型的水舌形态；X 型宽尾墩出口的中部水舌收缩呈片状，其底部和顶部的水舌变宽，形成了类"工"形的水舌形态。当宽尾墩的中部束窄段和顶部复宽段泄流时，由于两侧宽尾墩尾部收缩的影响，水舌从宽尾墩出流后表面紊动掺气强烈，呈破碎状，中上部水舌直接跌入下游的戽池中。单宽流量为 $140.0\text{m}^3/(\text{s}\cdot\text{m})$ 时，X 型宽尾墩-台阶面-跌坎型戽池组合式消能工水流流态如图 2-3（c）所示。

2.2.2 台阶面上流态

因台阶式溢流面的特征尺寸，即台阶高度 h 和台阶宽度 l，与碾压混凝土大坝整体的施工工艺相关，相对不易调整，因此在台阶式溢流面消能工的设计中通常就现状台阶式溢流面特征参数开展验证和优化研究。不失一般性，本书中以前述典型结构为例对台阶面上的流态进行说明。当小流量泄流时，水流自 X 型宽尾墩底部下泄而来，宽尾墩对水流不起任何约束作用，因此组合式消能工"退化"为单纯的台阶面消能工，此时由于下泄水流的单宽流量小，水流在台阶面的扰动下实现全断面掺气，水流掺气效果良好，模型或原型中通常可观测到台阶面上的水体总体呈现充分掺气后的乳白色。此外，顺流而下的水流在台阶面上撞击底面后反弹，水流激溅现象剧烈，受此影响下泄水体在台阶面区呈现出了一定的"不连续"特征，激溅水体互相碰撞、混掺，消能效果良好。随着下泄流量的继续加大，部分水流则由 X 型宽尾墩的中部束窄段，甚至顶部复宽段过流，此时部分下泄水体直接跌落至了戽池中，还有部分水流首先跌落到台阶式溢流面上，随后归于戽池中，这些跌落水舌在空中呈现散射状，在跌落入水垫后与水体实现强混掺、剪切、紊动，消能效果良好。此外，水流自宽尾墩进入台阶面区后，可在台阶式溢流面首部的一定范围内形成掺气空腔，且掺气空腔的长度与首级台阶的高度以及宽尾墩尾部溢流面的形状密切相关。显然，底空腔的形成有利于为台阶面区形成良好的掺气保护作用。

2.2.3 戽池内流态

戽池的主要功能为承接水流和消能。当下泄流量较小时，通过组合式消能工的水流通常会顺着台阶式溢流坝面顺利地潜入戽池中。水流在戽池首部及台阶面溢流坝段的末端及反弧段区形成强烈的旋滚区。在该区域内，底部水流在惯性作用下向下游流动，而顶部水流则有向上游逆流的趋势。由于此时水流旋滚的强度较弱，旋滚影响深度和长度范围均有限，戽池临近底部的部分水域几乎不受下泄水流的影响，戽池的中段及后半段处的水流均向下游流动。单宽流量为 $24.5\text{m}^3/(\text{s}\cdot\text{m})$ 时，戽池内流态如图 2-4（a）所示。随着流量的增大，水流旋滚区范围在深度和长度上发生了延伸。由台阶式溢流面顺流而下的水流沿着反弧段可直接潜入戽池的底部，随后沿着底部向下游流动。戽池中上部水体则顺势形成指向上游的逆流，于是在戽池中即形成了底部指向下游、上部指向上游的大尺度环流，底部主流与表层回流相互剪切,伴生团状旋滚。单宽流量为 $64.2\text{m}^3/(\text{s}\cdot\text{m})$ 时,戽池内流态如图 2-4(b)所示。此外,在反弧末端的跌坎后由于主流的剪切作用形成局部反向横轴旋滚,反向旋滚的尺度与跌坎高度大小相当。不论是戽池内大范围的环流旋滚区还是跌坎后局部旋滚区,其流动水体均携带有大量的气泡,显然水体呈强掺气状态,池内水体呈乳白色的絮状。

(a)单宽流量为24.5m³/（s·m）

(b)单宽流量为64.2m³/（s·m）

图 2-4　戽池内流态

　　随着流量的继续增大,特别是宽尾墩顶部复宽段开始过流后,部分水体依然沿着台阶面下泄,同时另一部分水体则从空中挑射跌入反弧段及戽池中。受顺底面水流和挑射水流的共同作用,在戽池上游部位及台阶式溢流坝面反弧段处的水流不稳定程度加剧,水流混掺更加剧烈,卷气掺气现象进一步加剧。

　　此外,戽池跌坎高度也是影响戽池中水流流态的重要因素之一,在尾槛顶部高程及泄流量一定的条件下,跌坎越高,戽池中的水体也会越深,下泄主流越不易到达底部,有利于底部结构的稳定。

2.2.4 流态关联特征

在宽尾墩-台阶面-跌坎型戽池组合式消能工中，不同结构单体的作用相互独立又相互协调配合，共同消耗水流能量以实现安全泄洪。不过，由于不同流量条件下的水流流态并不完全相同，因此不同结构单体所发挥的作用也不尽相同。

以设置有 X 型宽尾墩的组合式消能工为例进行说明。当泄流量较小时，水流仅通过 X 型宽尾墩的下宽段，下泄水流的掺气及消能也主要在台阶式溢流坝面区完成。此时，宽尾墩事实上并未起任何作用，水流能量经台阶坝面的沿程耗损后已所剩无几，宽尾墩-台阶面-跌坎型戽池组合式消能工基本"退化"为台阶面消能工。随着流量的增大，中部束窄段开始投入使用，将高于台阶面泄流的流量利用宽尾墩进行收缩形成高而窄的薄片射流，促使水舌分散，随后水舌跌落至下游水垫内实现消能。当流量在此区段内时，由于宽尾墩的束窄作用，宽尾墩段及其后坝面的水深随流量增加而快速增大。当下泄流量继续增大时，顶部复宽段开始过流，在此区域的过流水体均可直接跌落入戽池中，掺气过程及消能作用则主要发生于水舌在空气中的扩散碰撞以及跌入戽池水垫的剪切混掺。可见，在不同的流量段内，宽尾墩、台阶面、戽池等结构起着不同的作用，共同维护着组合式消能工对流量变化的良好适应能力。

鉴于宽尾墩-台阶面-跌坎型戽池组合式消能工在不同泄流量条件下呈现出的不同流态特征，故对于 X 型宽尾墩的下宽段、中部束窄段及顶部复宽段在设计时也分别对应于不同的泄量水平，即：①下宽段的泄流量应不大于台阶式溢流坝适宜的最大过流量；②中部束窄段则可对应于正常蓄水位的泄流量水平，且需考虑通过束窄段最大高度处的水舌应可正常跌入戽池中；③顶部复宽段则对应超泄条件下的流量。根据泄流任务的差异，下宽段与中部束窄段的泄流主要考虑消能率及泄流结构安全的问题，而顶部复宽段的泄流则需优先考虑泄流能力的问题，同时兼顾消能效果。鉴于上述认识，在进行宽尾墩-台阶面-跌坎型戽池组合式消能工设计时，应保证通过 X 型宽尾墩顶部复宽段泄流的水舌可以直接跌入下游的戽池中，形成稳定的三元水跃形态，以便在不影响泄流能力的情况下最大程度地消耗下泄水流剩余能量。

假设宽尾墩-台阶面-跌坎型戽池组合式消能工发生超泄，忽略局部损失系数时，顶部复宽段水舌的流速 v_1 为

$$v_1 = \sqrt{2g\Delta_1} \qquad (2-5)$$

忽略空气阻力，当其直接跌入戽池中时，应满足

$$v_1 t \sin\alpha + \frac{1}{2}gt^2 \leqslant \Delta_2 \qquad (2-6)$$

整理即可得到在进行宽尾墩-台阶面-跌坎式戽池组合式消能工设计时各参数应满足的关系式

$$l\tan\alpha + \frac{l^2}{4\Delta_1\cos^2\alpha} \leqslant \Delta_2 \qquad (2-7)$$

式中：Δ_1 为库水位与 X 型宽尾墩顶部复宽段底部的高差；Δ_2 为宽尾墩顶部复宽段底部与戽池尾坎顶部高差；l 为宽尾墩尾部与跌坎型戽池首部的桩号差；α 为顶部复宽段纵向坡度角。

2.3　流速

2.3.1　表面流场

由于受不同结构单体影响，宽尾墩-台阶面-跌坎型戽池组合式消能工在泄流时，水面通常呈现不稳定破碎状。水体表面流速总体分布特征为：在堰顶附近水面呈连续状，水流流速较低；随着水流沿堰面下游曲线的向下流动，水流流速逐渐增大，水流在流至台阶面区域时流速达到最大；在进入戽池消能后，形成三元水跃消耗大量的能量，水流流速随之实现回落。水体表面流速的变化过程也在一定程度上反映了水体动能在该泄水结构物中的沿程变化特征。不失一般性，以典型结构为例进行模拟分析，不同单宽流量条件下，宽尾墩-台阶面-跌坎型戽池组合式消能工中过流水体表面附近流场如图 2-5 所示。可见，在

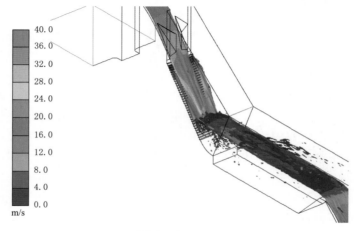

（a）单宽流量为19.7m³/（s·m）

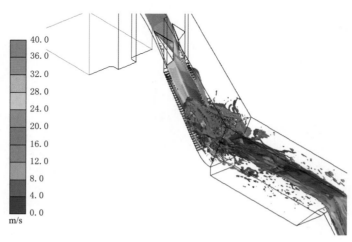

（b）单宽流量为37.7m³/（s·m）

图 2-5（一）　宽尾墩-台阶面-跌坎型戽池组合式消能工中过流水体表面附近流场图

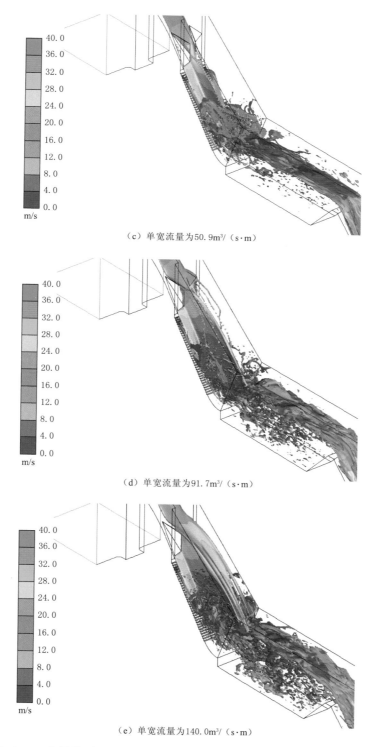

（c）单宽流量为50.9m³/（s·m）

（d）单宽流量为91.7m³/（s·m）

（e）单宽流量为140.0m³/（s·m）

图2-5（二） 宽尾墩-台阶面-跌坎型底池组合式消能工中过流水体表面附近流场图

19.7～140.0m³/(s·m) 泄流量范围内，消能工结构中的水流流态经历了从只有宽尾墩底宽段过流至中部束窄段过流以及顶部复宽段过流的所有情形，纵观水体表面的流速可以看到，表面流速的分布规律及量值特征基本一致：①在堰顶至宽尾墩段，水体的表面流速相对较小，量值基本介于 15.0～25.0m/s 之间；②在经过宽尾墩进入台阶面区域后，水流表面流速继续增大，无论台阶面附近的贴壁水流抑或经宽尾墩形成的挑射水流，表面水流的最大流速均可达到约 40.0m/s；③水流进入下游戽池后，经过戽池发生水跃消能作用，水流表面流速迅速回落，在戽池区域水体的表面流速降至 10.0m/s 以内。

2.3.2　近底流速

近底流速反映了壁面附近的流速水平，对于保护结构物安全有重要的工程意义。宽尾墩尾部、台阶面及戽池底板近底流速模型试验测量结果见表 2－1，反映了典型结构在不同典型单宽流量下典型位置处近底流速的量值大小及分布规律。其中：V1 测点位于宽尾墩尾部的溢流孔中心线上；V2 测点位于第 12 级台阶面上；V3 测点位于第 30 级台阶面上；V4、V5、V6 三个近底流速测点均位于戽池中，分别位于戽池底板的首部、首部下游 24m 处和尾部。

表 2－1　　　　　　　　宽尾墩尾部、台阶面及戽池底板近底流速测量结果

测点编号	距底板高度/m	流速/(m/s)			
		当单宽流量为 173.5m³/(s·m) 时	当单宽流量为 138.8m³/(s·m) 时	当单宽流量为 105.1m³/(s·m) 时	当单宽流量为 48.1m³/(s·m) 时
V1	0.4	26.3	26.7	26.2	26.2
V2	0.2	22.7	22.6	22.4	21.3
V3	0.2	14.5	15.0	16.5	17.2
V4	0.4	24.9	24.1	26.0	25.0
V5	0.4	17.8	17.2	16.6	15.7
V6	0.4	16.1	15.4	13.5	10.7

随着单宽流量的变化，V1 测点的近底流速未发生明显的变化，其流速值为 26.2～26.7m/s；V2 测点的流速也相对比较稳定，其流速值为 21.3～22.7m/s，且随着流量增大呈略有增大的趋势；相比之下，V3 测点的流速则明显变小，且测值随着流量的增大而减小，分析原因主要为 V3 测点位于戽池水位之下，其流速不仅受到了沿台阶式溢流面旋滚水垫的剪切作用，还会受到戽池中水体顶托的影响；V4 测点位于戽池池首，同时其也代表反弧段的末端，其流速反映了水流经宽尾墩-台阶面组合式消能工消能后下泄水流能达到的最大流速，试验结果表明该流速值为 24.1～26.0m/s；V5 测点的近底流速值为 15.7～17.8m/s；V6 测点的近底流速值为 10.7～16.1m/s。比较 V4～V6 测点的近底流速可见，其沿程呈现减小的趋势。

进一步地，对戽池底板近底流速进行数值仿真计算，结果见表 2－2，戽池底板最大近底流速与跌坎高度关系曲线如图 2－6 所示，其中 V4 与 V5 之间等间距增加 V1′和 V2′，V5 和 V6 之间等间距增加 V3′～V1′测点。表 2－2 及图 2－6 反映了不同跌坎高度

下戽池底板的近底流速变化规律。可见，在各典型流量条件下，随着跌坎高度的增大，戽池底板的近底流速均呈现下降的趋势。戽池首部跌坎高度为 0m 时，戽池底板的最大近底流速可达 30～35m/s，在设置高为 4.0m 的跌坎后，戽池底板的最大近底流速可降至约 15m/s 及以下，即跌坎的设置可以有效降低戽池的近底流速。

表 2-2　　　　　　　　　　戽池底板近底流速计算结果　　　　　　　　　单位：m/s

单宽流量/[m³/(s·m)]		37.7				50.9				91.7				140.0			
跌坎高度/m		0	2	4	6	0	2	4	6	0	2	4	6	0	2	4	6
测点编号	V4	28.41	3.36	0.40	3.79	33.64	1.95	1.68	3.62	32.47	1.72	1.82	5.98	34.31	2.00	2.30	1.99
	V1'	28.16	7.08	0.57	6.11	33.85	10.95	3.09	7.79	17.86	11.50	12.21	4.35	22.33	14.57	4.99	8.62
	V2'	27.63	13.66	2.68	7.18	26.29	16.10	9.29	5.71	16.57	15.79	12.89	5.71	20.13	14.68	3.49	4.84
	V5	24.84	15.72	3.52	9.19	20.90	14.92	6.97	6.94	14.81	11.08	15.80	11.80	12.38	5.96	3.30	3.37
	V3'	12.44	14.13	6.07	9.22	20.19	16.13	4.01	8.44	9.62	8.51	10.72	12.81	17.56	19.63	8.38	4.58
	V4'	15.54	8.84	9.51	5.89	18.40	15.54	7.91	8.68	8.47	9.72	11.61	14.24	15.50	13.04	13.13	13.15
	V5'	16.80	8.55	9.31	1.55	11.57	10.91	9.63	8.93	0.96	11.40	10.62	10.75	14.64	9.76	15.77	13.32
	V6'	13.33	8.31	6.97	1.55	9.07	10.00	6.63	6.82	3.83	7.36	6.52	1.30	14.77	6.04	15.86	13.05
	V7'	9.73	5.59	6.66	1.87	8.94	4.13	3.91	0.85	4.87	3.53	4.88	1.01	12.91	3.57	13.16	9.92
	V8'	9.12	2.19	2.18	1.08	11.08	3.60	1.23	1.84	4.69	2.03	6.93	0.35	0.72	3.35	11.09	3.28
	V6	4.20	1.55	0.94	0.67	12.17	4.31	1.77	1.01	3.72	1.60	3.18	1.53	1.67	2.12	8.97	1.10

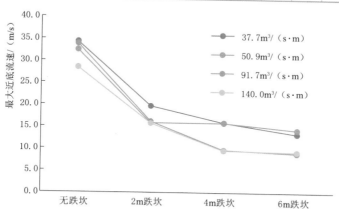

图 2-6　戽池底板最大近底流速与跌坎高度关系曲线

2.3.3　台阶面区流速

不同单宽流量条件下台阶式溢流面典型位置流场如图 2-7～图 2-11 所示。显然，在各典型单宽流量条件下，台阶面上均呈现为典型的滑移流流态，即：在台阶区域内形成了外侧顺水流方向而内侧逆水流方向的横向旋滚流动，这些旋滚水流依次相邻充斥于台阶之

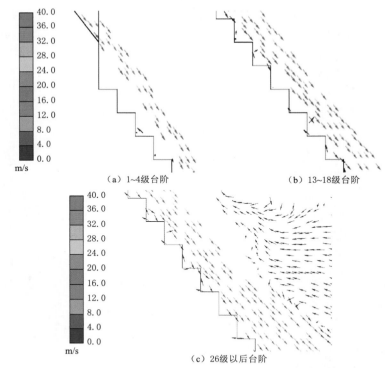

（a）1~4级台阶　　　　　　　　　（b）13~18级台阶

（c）26级以后台阶

图 2－7　单宽流量为 $19.7\mathrm{m}^3/(\mathrm{s}\cdot\mathrm{m})$ 时台阶式溢流面典型位置流场图

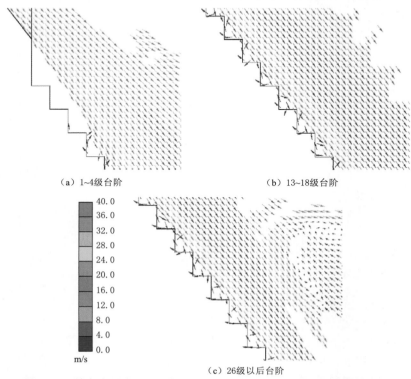

（a）1~4级台阶　　　　　　　　　（b）13~18级台阶

（c）26级以后台阶

图 2－8　单宽流量为 $37.7\mathrm{m}^3/(\mathrm{s}\cdot\mathrm{m})$ 时台阶式溢流面典型位置流场图

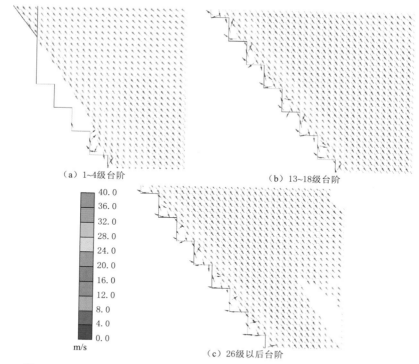

图 2-9 单宽流量为 $50.9\mathrm{m}^3/(\mathrm{s}\cdot\mathrm{m})$ 时台阶式溢流面典型位置流场图

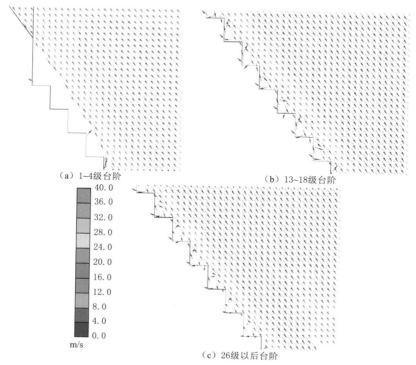

图 2-10 单宽流量为 $91.7\mathrm{m}^3/(\mathrm{s}\cdot\mathrm{m})$ 时台阶式溢流面典型位置流场图

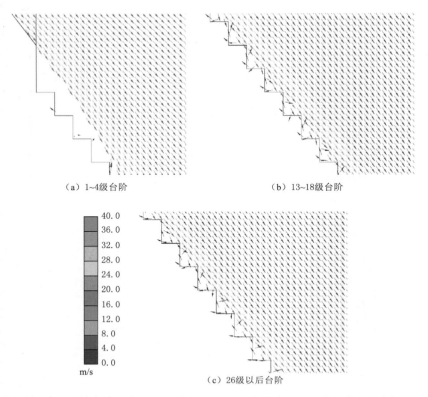

（a）1~4级台阶 （b）13~18级台阶

（c）26级以后台阶

图 2-11 单宽流量为 140.0m³/(s·m) 时台阶式溢流面典型位置流场图

间；而在台阶区域外则形成了顺着台阶外缘的"虚拟坡"向下游流动的滑移流。紧邻台阶外缘的"虚拟坡"附近的水流受到台阶及横轴旋滚水体的阻碍，存在一个沿程流速大小变化缓慢（或无明显变化）的过渡层，相比之下，台阶结构对台阶坝面过渡层外侧水体流动的影响程度有限，且其影响程度随着外侧水深的增大而快速减弱，即：①当小流量下泄通过台阶式溢流坝段时，水体厚度较薄，在台阶面的干扰作用下，水流的掺气效果和消能效果总体良好；②当流量增大后，尤其是台阶坝面上滑移流水体厚度较大时，由于台阶的影响程度有限，滑移流的掺气效果和消能效果将大打折扣。台阶坝面对水流的掺气作用主要体现在小流量范围内，因此，X 型宽尾墩的下宽段高度不宜过大。

从典型位置测线上纵向流速的垂向分布来看，台阶坝面区的垂线流速分布特征基本一致，即沿垂线向上，边界层内流速迅速增大，进入主流区以后，流速基本趋稳，略呈缓慢降低趋势。在进入淹没水跃区后，底部主流流速稍有降低，但主流上部水体的流速分布则呈现不规则状态，分析认为这主要是因为戽池内水体存在旋滚、掺混等复杂流态所致。

2.3.4 戽池流速

戽池内的流动特征相对较为复杂。在小流量泄流时，其主要受贴壁面下泄水流的影响；而当流量较大时，戽池内水体除受贴壁面下泄水流的影响外，还会受跌落水流直接冲击的作用。此外，戽池内流速特征还与跌坎高度、戽池水体深度等多因素密切相关。以典型结构为例对戽池内的流速特征进行说明，单宽流量覆盖 19.7～140.0m³/(s·m)，跌坎高度考虑了 0m、2m、4m、6m。不同跌坎高度、不同单宽流量条件下跌坎式戽池首部附近流场如图 2-12～图 2-31 所示。

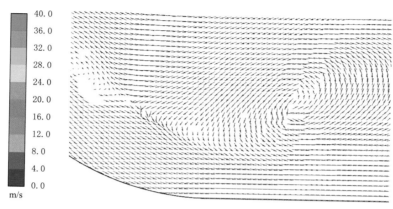

图 2-12　跌坎高度为 0m，单宽流量为 19.7m³/(s·m) 时跌坎式戽池首部附近流场图

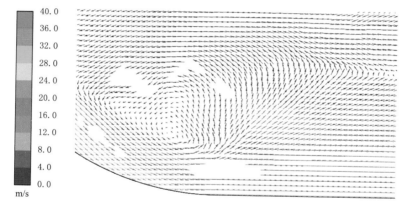

图 2-13　跌坎高度为 0m，单宽流量为 37.7m³/(s·m) 时跌坎式戽池首部附近流场图

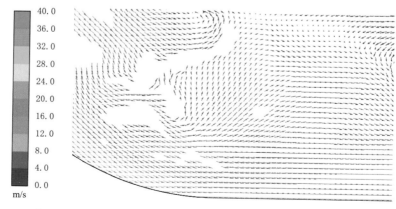

图 2-14　跌坎高度为 0m，单宽流量为 50.9m³/(s·m) 时跌坎式戽池首部附近流场图

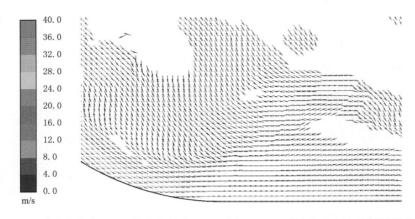

图 2-15　跌坎高度为 0m，单宽流量为 91.7m³/(s・m) 时跌坎式戽池首部附近流场图

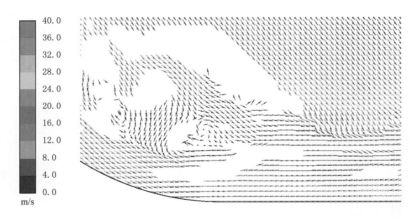

图 2-16　跌坎高度为 0m，单宽流量为 140.0m³/(s・m) 时跌坎式戽池首部附近流场图

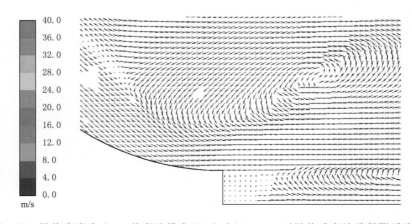

图 2-17　跌坎高度为 2m，单宽流量为 19.7m³/(s・m) 时跌坎式戽池首部附近流场图

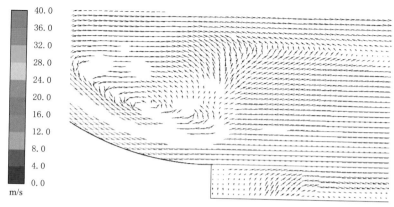

图 2-18 跌坎高度为 2m，单宽流量为 $37.7\text{m}^3/(\text{s}\cdot\text{m})$ 时跌坎式戽池首部附近流场图

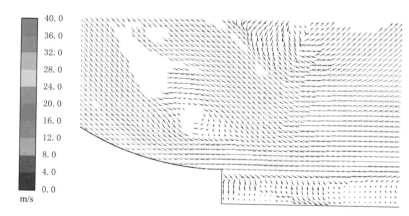

图 2-19 跌坎高度为 2m，单宽流量为 $50.9\text{m}^3/(\text{s}\cdot\text{m})$ 时跌坎式戽池首部附近流场图

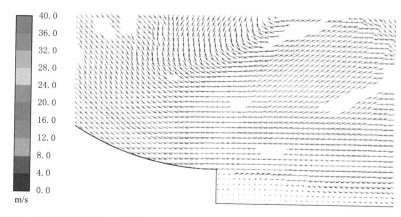

图 2-20 跌坎高度为 2m，单宽流量为 $91.7\text{m}^3/(\text{s}\cdot\text{m})$ 时跌坎式戽池首部附近流场图

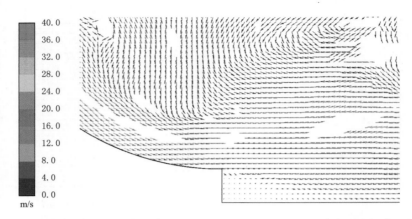

图 2 - 21　跌坎高度为 2m，单宽流量为 140.0m³/(s·m) 时跌坎式戽池首部附近流场图

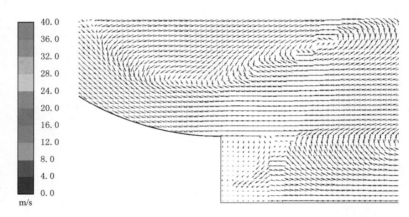

图 2 - 22　跌坎高度为 4m，单宽流量为 19.7m³/(s·m) 时跌坎式戽池首部附近流场图

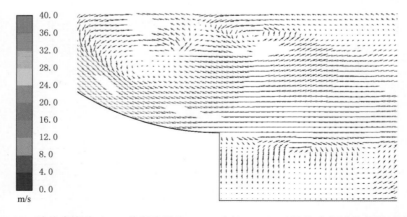

图 2 - 23　跌坎高度为 4m，单宽流量为 37.7m³/(s·m) 时跌坎式戽池首部附近流场图

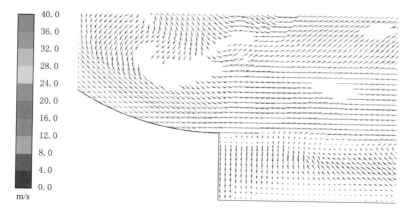

图 2-24　跌坎高度为 4m，单宽流量为 50.9m³/(s·m) 时跌坎式戽池首部附近流场图

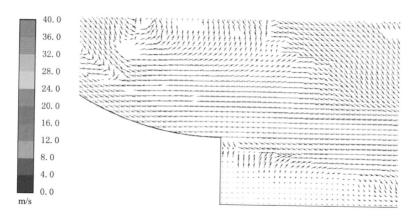

图 2-25　跌坎高度为 4m，单宽流量为 91.7m³/(s·m) 时跌坎式戽池首部附近流场图

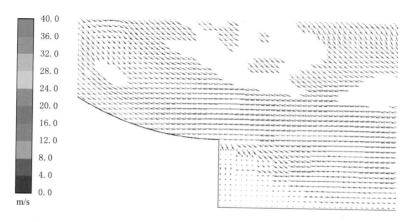

图 2-26　跌坎高度为 4m，单宽流量为 140.0m³/(s·m) 时跌坎式戽池首部附近流场图

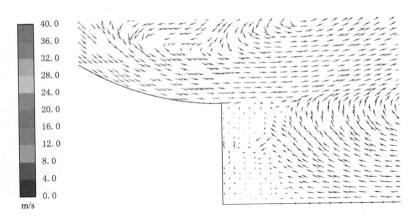

图 2-27　跌坎高度为 6m，单宽流量为 19.7m³/(s•m) 时跌坎式戽池首部附近流场图

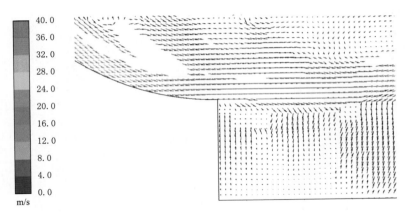

图 2-28　跌坎高度为 6m，单宽流量为 37.7m³/(s•m) 时跌坎式戽池首部附近流场图

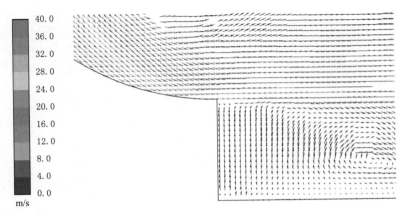

图 2-29　跌坎高度为 6m，单宽流量为 50.9m³/(s•m) 时跌坎式戽池首部附近流场图

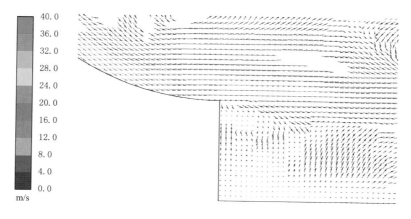

图 2-30 跌坎高度为 6m，单宽流量为 91.7m³/(s·m) 时跌坎式戽池首部附近流场图

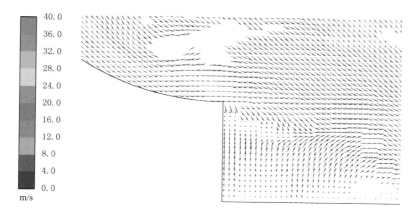

图 2-31 跌坎高度为 6m，单宽流量为 140.0m³/(s·m) 时跌坎式戽池首部附近流场图

总体而言，在各典型单宽流量条件下，沿宽尾墩-台阶面-跌坎型戽池组合式消能工下泄的水流主体在经过台阶式溢流坝面后会继续沿着泄水结构表面下行至反弧段后在戽池中以射流形式射出，反弧段末端的出流流速约为 20.0～30.0m/s，其值随泄流量的增大变幅较小。具体而言，当戽池首部的跌坎高度为 0m 时，下泄水流在反弧段出流后会沿着戽池底板继续向下游流动，水流在戽池内则形成了底部指向下游而上部指向上游的流场结构。当流量较小时［如单宽流量为 19.7m³/(s·m)］，戽池中水体的流场分布较为均匀；而当流量较大时［如单宽流量为 50.9m³/(s·m)］，由于挑（跌）流在戽池中混掺的影响，戽池首部附近流场的不均匀程度明显加大，不时出现一些不稳定的低速漩涡区。当戽池首部的跌坎高度为 2m 时，下泄水流自反弧段出流后会发生潜底现象，主流触底的位置与泄水建筑物泄流量的相关性并不明显，在各典型泄流量条件下该位置大约位于跌坎下游 8～15m 的范围；而在跌坎附近则形成了典型的回流区。当戽池首部的跌坎高度增至 4m 时，主流在反弧段末端出流后仍存在较为显著的潜底现象，但由于行程较大，当泄流量较小

时，主流在未触底之前即已由于扩散作用衰减至较小的流速，因此在流速实际触底时已距离跌坎约 15m。当泄流量较大时［如单宽流量为 $140.0\text{m}^3/(\text{s} \cdot \text{m})$］，因宽尾墩顶部复宽段挑射水流跌落入池影响，自反弧段出流的水流流线会向跌坎处偏转而表现出快速下潜至戽池底部现象，触底位置距离跌坎仅约 8m。初步分析出现上述现象的原因，认为泄流量较小时戽池内水流流场较稳定，易对下泄主流形成消能减速作用；而泄流量较大时由于挑射水流入池影响，戽池内部水流流场不稳定，使得沿反弧段出射水流在进入戽池后向跌坎处偏转，进而使得主流出现提前触底的现象。当戽池首部的跌坎高度增至 6m 时，出射主流仍存在下潜的趋势，但下潜触底位置规律不明显，分析认为其主要原因为跌坎高度为 6m 时主流的下潜距离较大，主流不易抵达戽池底部。对于典型位置处流速的垂向分布，由于不同泄流量条件下的流态差异较大，因此分布规律亦不甚一致，不过总体而言，底部水体流速略大，上部水体流速略小。

从跌坎型戽池首部附近的流场特征来看，在设置跌坎后，下泄水流自反弧段出流后存在下潜的趋势，且水流在底部跌坎深度区的水流混掺作用比较剧烈。这说明设置跌坎后，其增加的水体吸收了部分下泄水体的余能，增大了参与紊动消能的水体体积，减小池底近壁的水流流速，有利于戽池首部附近池底板块结构的稳定。关于跌坎高度的选择，应综合技术因素与经济因素。初步认为合理的跌坎高度应可使反弧段出流的水流触底，但又不至于以过大的流速冲击底板。对于研究对象，在下泄单宽流量不大于 $140.0\text{m}^3/(\text{s} \cdot \text{m})$ 的情况下，合理的跌坎高度为 4m 左右。

2.4　动水压强

动水压强集中反映了泄水建筑物运行时的荷载状况，包括时均压强和脉动压强两个部分。无论是时均压强，还是脉动压强都与泄水建筑物的结构特征、下泄流量及流速等因素密切相关。不失一般性，以典型结构为例，对宽尾墩-台阶面-跌坎型戽池组合式消能工的动水压强特征进行说明。其中，泄流量的覆盖范围为 $19.7 \sim 140.0\text{m}^3/(\text{s} \cdot \text{m})$，动水压强测点均位于泄槽中心线上，各测点的编码及位置见表 2-3，动水压强测点示意如图 2-32 所示。压力采集系统采用中国水利水电科学研究院自行研制的压力传感器和 DJ800 采集仪，采集频率为 100Hz。

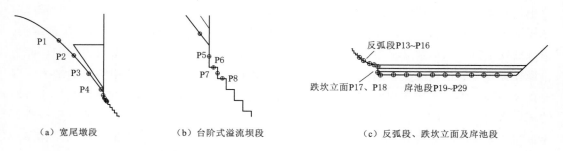

（a）宽尾墩段　　　　　　（b）台阶式溢流坝段　　　　（c）反弧段、跌坎立面及戽池段

图 2-32　动水压强测点示意图

表 2-3 各测点的编码及位置

编码	位置	备注	编码	位置	备注
P1	宽尾墩段		NP11	台阶式溢流坝段	第 28 级立面
P2	宽尾墩段		NP12	台阶式溢流坝段	第 28 级平面
P3	宽尾墩段		NP13	台阶式溢流坝段	第 30 级立面
P4	宽尾墩段		NP14	台阶式溢流坝段	第 30 级平面
P5	台阶式溢流坝段	第 1 级立面	P13	反弧段	
P6	台阶式溢流坝段	第 1 级平面	P14	反弧段	
P7	台阶式溢流坝段	第 2 级立面	P15	反弧段	
P8	台阶式溢流坝段	第 2 级平面	P16	反弧段	
NP1	台阶式溢流坝段	第 5 级立面	P17	跌坎立面	
NP2	台阶式溢流坝段	第 5 级平面	P18	跌坎立面	
NP3	台阶式溢流坝段	第 9 级立面	P19	庐池段	
NP4	台阶式溢流坝段	第 9 级平面	P20	庐池段	
P9	台阶式溢流坝段	第 13 级立面	P21	庐池段	
P10	台阶式溢流坝段	第 13 级平面	P22	庐池段	
NP5	台阶式溢流坝段	第 16 级立面	P23	庐池段	
NP6	台阶式溢流坝段	第 16 级平面	P24	庐池段	
NP7	台阶式溢流坝段	第 20 级立面	P25	庐池段	
NP8	台阶式溢流坝段	第 20 级平面	P26	庐池段	
NP9	台阶式溢流坝段	第 22 级立面	P27	庐池段	
NP10	台阶式溢流坝段	第 22 级平面	P28	庐池段	
P11	台阶式溢流坝段	第 24 级立面	P29	庐池段	
P12	台阶式溢流坝段	第 24 级平面			

2.4.1 时均压强

在不同的庐池跌坎条件下，宽尾墩-台阶面-跌坎型庐池组合式消能工底部中心线上的时均压强分布总体呈现类似的特征，即：溢流堰面的时均压强开始沿程逐渐减小，在宽尾墩首部及中部由于水流收缩，水面壅高，时均压强逐渐增大；而在尾部受掺气空腔的影响时均压强再次减小，整个墩体过流面上未出现负压。台阶面首部位于掺气底孔腔内，时均压强接近大气压强，掺气空腔尾部（P8 测点附近）水流回落至台阶坝面，其时均压强存在局部增大区，反弧段上受水流离心力和冲击的双重作用时均压强再次局部增大。其他部位的时均压强沿程变化总体平缓，其中台阶立面的时均压强绝对值较小，各泄流条件下的最小值为 1.7kPa，在水流脉动作用下易出现瞬时的负压状态。比较而言，不同部位的时均压强随泄流量变化的趋势则不尽相同：在宽尾墩区，由于 X 型宽尾墩对于不同流量的水流具有不同约束壅水效果，导致溢流面时均压强的变化情况也有明显的区别，在流量较小时，宽尾墩对水流无明显约束，溢流面上的时均压强随泄流量变化比较缓慢；在流量较大时，宽尾墩缩窄过流段使水面壅高，水深增大，溢流面上的时均压强随泄流量变化则明显加快。台阶面溢流区由于台阶上存在旋滚水流使得时均压强分布比较复杂，这里以各级台阶中间部位的时均压强为例，描述台阶坝面时均压强的沿程变化。水平台阶坝面的时均压强与宽尾墩尾部坝面衔接方式有关，对于不设置掺气底坎和设置掺气底坎的两种衔接方式，水平台阶面的时均压强呈现不同的变化过程：①采取不设掺气底坎的衔接方式时，水平台阶面上一般不会出现负压，在不受下游水位影响的情况下水平台阶面的时均压强沿程缓慢增大，压力梯度较小；②采取设置掺气底坎的衔接方式时，坎后底孔腔内的时均压强接近大气压强，水流回落区水平台阶面的时均压强略有增大，回落区后水平台阶面上的时均压强呈缓慢增大的趋势。垂直台阶面上的时均压强呈波状变化，部分台阶上存在负压，模型试验中实测最大负压一般不会超过 $-30\mathrm{kPa}$。在台阶坝面体型和衔接方式已经确定的情况下台阶坝面的时均压强随泄流量增大呈小幅度变化，反弧段及戽池段的时均压强则随着泄流量的增大呈现显著的增大趋势。分析原因，一方面可能是受到了挑流水舌的挑射冲击和水流离心力的双重作用，另一方面是泄流量的增大导致戽池内水深的增大。针对典型结构而言，当单宽流量从 $91.7\mathrm{m^3/(s\cdot m)}$ 增至 $140.0\mathrm{m^3/(s\cdot m)}$ 时，反弧段的时均压强并未发生显著的增大，表明台阶面对水流的消能作用已经非常微弱，而反弧段处的流速则基本反映了来流携带的机械能，借此也可以反映出台阶面溢流坝区仅对单宽流量小于 $91.7\mathrm{m^3/(s\cdot m)}$ 的水流有较明显的消能作用，超泄流量的余能则需通过宽尾墩及戽池来进行消杀。此外，从时均压强曲线上可以看到，当单宽流量为 $140.0\mathrm{m^3/(s\cdot m)}$ 时，戽池段首部附近的时均压强出现一个明显的峰值，表明此处已经有水舌的跌入，跌落水流在戽池中进行直接混掺，消能效果良好。戽池跌坎高度为 0m 时不同典型测点处的时均压强见表 2-4，不同戽池跌坎高度条件下中心线处时均压强如图 2-33 所示。

表 2-4　　　　戽池跌坎高度为 0m 时不同典型测点处的时均压强　　　单位：kPa

位置	测点	单宽流量/[m³/(s·m)]				
		19.7	37.7	50.9	91.7	140.0
宽尾墩段	P1	10.8	9.0	12.8	20.0	40.6
	P2	8.5	13.8	19.1	51.3	106.3
	P3	8.6	21.5	41.1	105.5	138.7
	P4	1.7	1.6	9.2	21.2	22.1
台阶式溢流坝段	P5	23.8	30.6	32.3	33.3	32.5
	P6	34.7	42.3	43.3	43.0	42.5
	P7	58.2	69.7	70.2	73.7	76.3
	P8	66.3	80.9	79.5	81.3	84.9
	NP1	5.6	12.1	13.9	15.5	15.6
	NP2	14.4	23.1	24.9	26.5	26.5
	NP3	5.1	8.0	8.6	8.5	8.2
	NP4	15.6	18.1	19.1	18.5	17.7
	P9	5.7	8.5	8.3	8.5	8.5

位置	测点	单宽流量/[m³/(s·m)]				
		19.7	37.7	50.9	91.7	140.0
台阶式溢流坝段	P10	15.8	17.6	18.1	16.5	16.3
	NP5	3.7	8.0	8.6	7.6	7.8
	NP6	10.2	13.8	15.6	12.9	11.5
	NP7	5.3	8.5	10.0	8.2	12.9
	NP8	20.6	15.6	17.2	14.7	17.4
	NP9	4.0	7.1	10.3	11.5	25.9
	NP10	17.0	15.9	19.8	17.1	30.0
	P11	25.4	26.0	29.7	33.5	60.4
	P12	34.5	32.9	34.6	35.9	62.9
	NP11	53.1	51.3	52.2	35.9	85.4
	NP12	63.5	58.8	61.7	54.1	89.9
	NP13	99.4	99.1	99.1	59.7	136.7
	NP14	108.8	109.0	106.9	105.0	144.5
反弧段	P13	138.4	199.8	218.8	112.1	269.6
	P14	160.0	232.6	263.4	304.3	320.2
	P15	176.6	242.8	272.3	318.5	341.5
	P16	181.1	234.4	250.9	288.9	328.3
戽池段	P19	169.7	174.4	175.1	202.0	251.1
	P20	169.9	171.3	169.5	205.4	239.3
	P21	173.1	170.6	175.6	220.2	257.2
	P22	175.6	175.8	178.8	189.3	316.2
	P23	176.7	177.3	181.5	191.4	320.1
	P24	179.6	174.9	180.4	196.2	236.7
	P25	180.4	181.7	183.0	203.6	228.7
	P26	179.0	185.1	186.2	214.7	236.9
戽池段	P27	181.5	185.0	195.7	214.6	244.4
	P28	182.4	195.3	200.4	214.1	248.5
	P29	182.2	198.7	202.0	218.6	252.6

进一步地对戽池跌坎高度对时均压强的影响进行分析，发现不同区段上的时均压强所受的影响特征并不相同。对于宽尾墩段及台阶式溢流坝段，因为多处于戽池段的上游且位于水面上方，戽池段水流条件的变化不会对其时均压强值及分布特征产生明显影响；而对于戽池段而言，其底板时均压强会随着跌坎高度的增大呈现增大趋势。不同单宽流量条件下，不同戽池跌坎高度时中心线处时均压强如图 2-34 所示，分析原因主要是因为跌坎高度的增大导致在相同泄流量条件下戽池中水深的增加所致。特别地，比较反弧段和戽池段

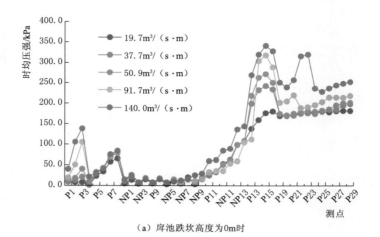

（a）戽池跌坎高度为0m时

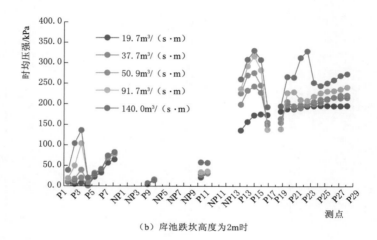

（b）戽池跌坎高度为2m时

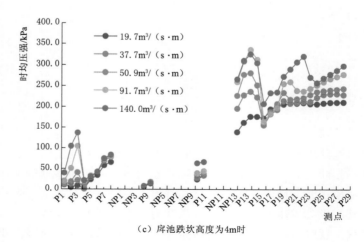

（c）戽池跌坎高度为4m时

图 2-33（一）　中心线处时均压强

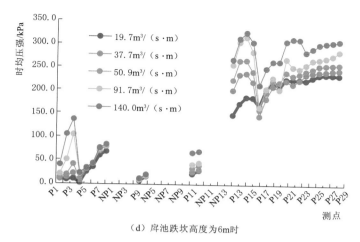

（d）戽池跌坎高度为6m时

图 2-33（二） 中心线处时均压强

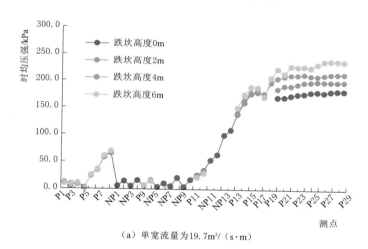

（a）单宽流量为19.7m³/（s·m）

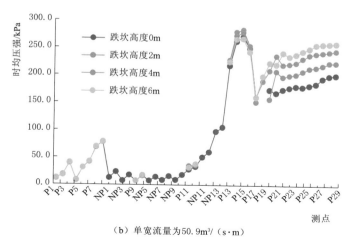

（b）单宽流量为50.9m³/（s·m）

图 2-34（一） 不同戽池跌坎高度时中心线处时均压强

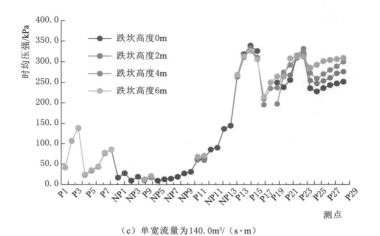

（c）单宽流量为140.0m³/（s·m）

图 2-34（二）　不同底池跌坎高度时中心线处时均压强

底板的时均压强可以看到：当泄流量较小时 ［单宽流量为 19.7m³/（s·m）］，反弧段底板的时均压强均低于底池段，但当单宽泄流量增大至 50.9m³/（s·m）后，反弧段的时均压强即较底池段更大，而在反弧段后的跌坎立面上的时均压强又呈现明显的减小，当跌坎高度为 6m 时，两者的差值可达到近 150kPa。

收缩比也是影响宽尾墩-台阶面-跌坎型底池组合式消能工水力特性的重要参量。在泄水设施确定的条件下，收缩比的调节幅度相对较小。通过比较收缩比为 0.35 和收缩比为 0.30 条件下组合式消能工的时均压强分布可知，收缩比的小幅调整不会引起组合式消能工时均压强值及分布规律的显著变化；相比之下，宽尾墩附近时均压强会有小幅变化，即在堰顶水头相同的条件下，收缩比越小，宽尾墩附近的时均压强值越大。

2.4.2　脉动压强

众所周知，现实世界中的水流多为紊流，其对周围边界的作用实为众多水分子作用的宏观统计值。脉动压强即表示动水压强的波动程度，在实践中，通常采用脉动压强的均方根值 σ 来表征脉动压强的大小，其计算式为

$$\sigma = \sqrt{\frac{\sum\limits_{i=1}^{N}(p_i - \overline{p})^2}{N}}\tag{2-8}$$

式中：p_i 为第 i 个动水压强测值；$\overline{p}$ 为时均压强；N 为动水压强测值总数。

在动水压强实际测量过程中采集频率通常不小于 100Hz。

不失一般性，在宽尾墩-台阶面-跌坎型底池组合式消能工典型结构的基础上对该组合式消能工体型的脉动压强特性进行了测量分析，其中，动水压强测量采用中国水利水电科学研究院自行研制的传感器和 DJ800 采集仪，采集频率为 100Hz。在此基础上分析得到不同底池跌坎高度条件下中心线脉动压强的均方根值如图 2-35 所示，不同单宽流量条件下宽尾墩段和台阶式溢流坝段脉动压强均方根值见表 2-5，跌坎高度为 0m、2m、4m、6m 时反弧段、跌坎立面及底池段脉动压强均方根值见表 2-6～表 2-9。

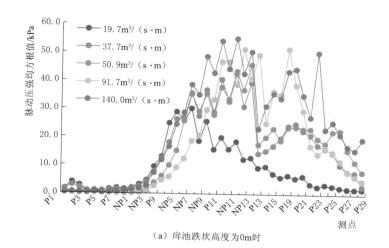

（a）戽池跌坎高度为0m时

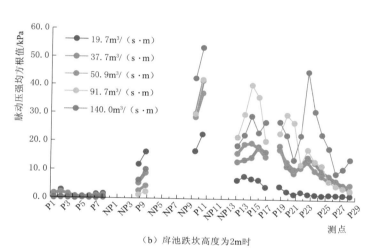

（b）戽池跌坎高度为2m时

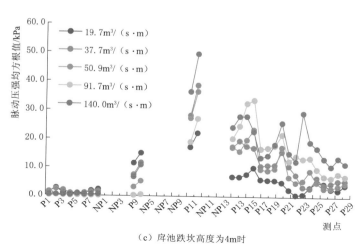

（c）戽池跌坎高度为4m时

图 2-35（一） 中心线处脉动压强均方根值

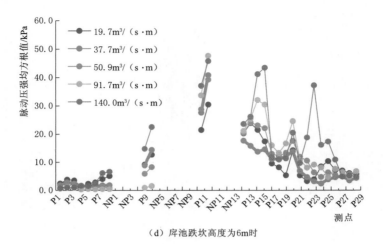

（d）戽池跌坎高度为6m时

图 2-35（二）　中心线处脉动压强均方根值

表 2-5　　　不同单宽流量条件下宽尾墩段和台阶式溢流坝段脉动压强均方根值　　　单位：kPa

位置	测点	单宽流量/[m³/(s·m)]				
		19.7	37.7	50.9	91.7	140.0
宽尾墩段	P1	1.6	1.6	0.3	0.2	0.4
	P2	3.9	3.0	0.5	0.2	0.5
	P3	2.8	2.1	0.5	0.2	0.4
	P4	0.9	1.0	0.3	0.1	0.4
台阶式溢流坝段	P5	1.0	0.7	0.5	0.3	0.5
	P6	0.8	1.0	0.4	0.1	0.4
	P7	1.5	1.3	0.7	0.1	0.5
	P8	1.9	1.5	0.7	0.1	0.8
	NP1	1.6	1.3	0.7	0.1	1.0
	NP2	2.0	2.0	0.8	0.1	1.3
	NP3	3.2	2.6	1.4	0.4	1.9
	NP4	4.7	4.3	2.0	0.8	3.0
	P9	9.5	7.9	3.8	2.7	7.3
	P10	13.1	12.4	6.2	4.7	11.9
	NP5	25.0	18.1	10.0	6.0	16.6
	NP6	29.0	26.3	15.2	9.2	24.5
	NP7	25.8	27.0	25.7	12.4	28.8
	NP8	30.2	35.6	35.3	18.7	38.7
	NP9	18.6	27.5	29.1	20.5	35.1
	NP10	25.6	36.9	35.4	29.7	48.6
	P11	15.7	29.0	27.9	33.5	42.9

位置	测点	单宽流量/[m³/(s·m)]				
		19.7	37.7	50.9	91.7	140.0
台阶式溢流坝段	P12	19.9	40.6	37.8	46.8	54.2
	NP11	15.8	32.7	33.6	46.8	44.3
	NP12	18.5	42.8	43.5	38.8	55.1
	NP13	12.2	30.9	36.9	51.4	42.7
	NP14	12.8	39.5	45.9	40.9	50.5

表 2-6　　　跌坎高度为 0m 时反弧段、跌坎立面及戽池段脉动压强均方根值　　　单位：kPa

位置	测点	单宽流量/[m³/(s·m)]				
		19.7	37.7	50.9	91.7	140.0
反弧段	P13	9.2	14.3	17.5	49.3	23.1
	P14	9.7	15.3	20.1	25.1	31.2
	P15	7.2	17.1	23.2	36.4	35.6
	P16	5.9	19.9	19.0	35.4	34.0
跌坎立面	P17	—	—	—	—	—
	P18	—	—	—	—	—
戽池段	P19	6.7	24.2	23.7	51.5	43.6
	P20	5.7	25.0	23.8	38.8	44.5
	P21	6.4	22.5	23.2	29.6	35.1
	P22	3.6	20.9	23.1	17.1	27.3
	P23	2.8	17.4	19.7	14.3	50.3
	P24	3.5	16.2	18.0	16.5	23.0
	P25	2.9	14.9	22.2	14.7	25.5
戽池段	P26	2.4	10.5	22.6	11.9	21.3
	P27	2.0	8.2	15.7	8.1	17.0
	P28	1.9	7.7	11.6	6.4	15.7
	P29	1.9	2.9	8.1	4.8	19.5

表 2-7　　　跌坎高度为 2m 时反弧段、跌坎立面及戽池段脉动压强均方根值　　　单位：kPa

位置	测点	单宽流量/[m³/(s·m)]				
		19.7	37.7	50.9	91.7	140.0
反弧段	P13	6.9	13.5	16.4	22.1	19.1
	P14	8.3	14.2	19.6	30.3	22.9
	P15	7.5	15.1	20.1	40.9	29.7
	P16	7.1	18.9	18.3	36.5	23.8

续表

位置	测点	单宽流量/[m³/(s·m)]				
		19.7	37.7	50.9	91.7	140.0
跌坎立面	P17	4.6	17.0	15.3	20.8	27.6
	P18	—	—	—	—	—
戽池段	P19	4.8	19.2	17.9	23.7	27.8
	P20	3.1	12.1	13.6	30.3	23.0
	P21	2.1	9.6	11.0	27.5	14.3
	P22	2.9	12.4	11.5	12.7	22.9
	P23	2.2	15.3	13.7	18.0	45.9
	P24	2.0	13.4	10.5	13.8	31.5
	P25	1.8	10.3	8.7	12.4	23.3
	P26	2.0	8.7	6.9	6.8	18.4
	P27	1.9	7.0	6.9	5.2	9.6
	P28	1.9	5.5	4.9	4.4	11.2
	P29	1.7	3.4	5.6	3.6	14.6

表 2-8　　　跌坎高度为 4m 时反弧段、跌坎立面及戽池段脉动压强均方根值　　　单位：kPa

位置	测点	单宽流量/[m³/(s·m)]				
		19.7	37.7	50.9	91.7	140.0
反弧段	P13	7.1	17.5	17.8	20.6	24.5
	P14	7.0	19.9	16.1	25.0	28.4
	P15	8.0	18.0	20.2	33.0	28.4
	P16	10.4	17.4	23.8	34.1	23.1
跌坎立面	P17	6.2	11.0	9.8	17.0	14.0
	P18	6.0	11.4	9.4	17.4	14.7
戽池段	P19	5.9	11.4	10.1	18.2	18.7
	P20	5.2	16.1	17.6	22.0	26.2
	P21	2.6	11.0	7.1	12.8	15.5
	P22	0.8	7.9	5.1	14.5	12.7
	P23	1.0	3.6	5.8	13.6	29.6
	P24	3.5	3.2	9.3	13.9	19.5
	P25	5.5	7.0	5.3	10.0	17.3
	P26	4.8	4.4	3.2	7.4	13.6
	P27	2.9	5.0	3.2	6.9	10.9
	P28	2.4	5.9	4.0	8.4	13.9
	P29	4.3	5.9	4.9	7.4	11.9

表 2－9　　　　　跌坎高度为 6m 时反弧段、跌坎立面及戽池段脉动压强均方根值　　　　　单位：kPa

位置	测点	单宽流量/[m³/(s·m)]				
		19.7	37.7	50.9	91.7	140.0
反弧段	P13	20.3	17.7	20.5	21.1	23.6
	P14	23.9	15.8	24.2	25.5	26.2
	P15	21.6	13.7	23.1	32.2	41.4
	P16	17.4	14.5	22.1	30.5	43.6
跌坎立面	P17	9.5	11.0	13.0	16.0	11.9
	P18	8.1	11.1	12.2	13.2	10.9
戽池段	P19	5.2	12.0	13.2	16.6	11.3
	P20	14.3	13.9	17.6	24.6	20.5
	P21	5.2	6.8	11.8	10.8	9.6
	P22	3.1	4.6	10.5	7.9	18.8
	P23	3.8	3.1	6.3	9.0	37.4
	P24	8.4	2.3	4.6	8.0	16.1
	P25	10.3	3.8	6.2	4.6	17.3
	P26	7.1	4.5	5.3	7.5	10.8
	P27	6.9	4.9	5.0	6.4	4.7
	P28	6.0	3.4	5.7	4.6	5.2
	P29	5.6	4.2	6.5	6.6	4.7

可见，宽尾墩-台阶面-跌坎型戽池组合式消能工底板中心线的脉动压强明显会受泄流量的影响，同时也与戽池跌坎高度有关。当戽池不设跌坎时，单宽流量为 19.7m³/(s·m) 时，脉动压强在全流程上呈现先增大后减小的趋势，堰顶及宽尾墩段溢流面上的水流流速不大，相应的脉动压强均方根值较小。台阶坝面受横向旋滚水流作用，水流脉动压强均方根值较大。在戽池段水流的脉动压强值非常小，表明此时下泄水流的消能主要发生在台阶式溢流坝段。随着流量的增大，反弧段、跌坎立面及戽池段底板中心线上的脉动压强呈现快速增大的趋势，消能的主体段由台阶式溢流坝段逐渐扩展延伸到整个戽池段，且因在反弧衔接段及戽池首部水流流速高，紊动剧烈，壁面脉动压强的均方根值都较大。当单宽流量增至 91.7m³/(s·m) 时，戽池段底板的脉动压强基本趋稳，流量的继续增大并不会引起戽池段脉动压强的明显增大，表明此时戽池段水流的紊动程度随流量增大变化缓慢。当戽池段设置跌坎后，戽池段，特别是其首部附近底板的脉动压强出现了明显的下降趋势。当戽池跌坎高度为 4m，下泄单宽流量为 91.7m³/(s·m) 时，戽池底板多数测点的脉动压强均方根值即降至 30kPa 以下。

进一步地，对戽池段底板脉动压强与戽池跌坎高度的关系进行分析，不同单宽流量条件下，不同戽池跌坎高度时中心线处脉动压强均方根值如图 2－36 所示。显然，戽池跌坎高度对戽池池首附近底板的脉动压强有显著影响。当单宽流量较小时 [如单宽流量为 19.7m³/(s·m)]，不同的戽池跌坎高度对脉动压强数值的影响规律不甚显著，相比之下，跌坎高度为 6m 时戽池底板处的脉动压强略大，不过总的来说不同条件下的脉动压强数值均低于 15kPa，根据以往的研究经验，该脉动压强量级相对较小，不会对工程安全造成显著不利影响。当下泄中等单宽流量时 [如单宽流量为 $37.7\text{m}^3/(\text{s}\cdot\text{m})$ 或 $50.9\text{m}^3/(\text{s}\cdot\text{m})$]，不同跌坎高度时戽池底板中心线上的脉动压强数值特征会产生明显的不同：当戽池跌坎高度为 0m 时，戽池池首附近底部水流脉动强烈，脉动压强的均方根值均大于 25kPa；当戽池跌坎为 2～6m 时，戽池池首附近底部水流脉动明显减弱，脉动压强的均方根值均降至 20kPa 以下，可见，设置一定高度的跌坎利于降低戽池池首附近的脉动压强值。当下泄单宽流量较大时 [如单宽流量为 $91.7\text{m}^3/(\text{s}\cdot\text{m})$ 或 $140.0\text{m}^3/(\text{s}\cdot\text{m})$]，戽池跌坎为 0m 时池首的脉动压强均方根值迅速增大至约 50kPa，当设置了高度为 2m 的跌坎后，戽池首部的脉动压强均方根值则下降为约 30kPa，下降幅度达 40%。继续增加戽池跌坎的高度后，戽池首部附近的脉动压强总体仍呈现下降的趋势，但下降幅度明显减小。当下泄单宽流量为 $91.7\text{m}^3/(\text{s}\cdot\text{m})$ 时，跌坎高度 4m 即可将戽池底部的脉动压强降至 30kPa 以下，继续增大跌坎高度效果不明显。对于下泄单宽流量为 $140.0\text{m}^3/(\text{s}\cdot\text{m})$ 时，因此时有部分水舌并非沿台阶溢流面进入戽池，而是通过挑流直接跌入戽池中，因此其脉动压强数值分布规律与其他流量不同，其在戽池中部附近增加了一个强脉压区，这也反映了挑射水流在此处的混掺非常剧烈。不过通过其实测脉动压强的均方根值及分布仍可看出设置一定高度的戽池跌坎有利于降低底板上的脉动压强值。此外，通过不同戽池跌坎高度时跌坎立面处脉动压强 (图 2-37) 可知，当戽池跌坎高度从 2m 增至 4m 时，脉动压强的均方根值下降幅度较大，在中小下泄流量范围内，其下降幅度为 6～8kPa，在下泄流量为 $140.0\text{m}^3/(\text{s}\cdot\text{m})$ 时，脉动压强数值下降可达约 15kPa；相比之下，当戽池跌坎高度从 4m 增至 6m 时，脉动压强数值下降幅度则很小。因此，综合分析认为，针对研究对象及下泄的单宽流量范围，设置高度为 4m 的戽池跌坎有利于消能和戽池底板结构的稳定，也经济合理。

基于上述分析可以看到，戽池首部设置适当高度的跌坎可以减小底板上的脉动压强，有利于戽池底板的结构稳定。一方面是因为在不改变其他结构的条件下，戽池首部跌坎的设置加深了池中的消能水体，在同等条件下可增大戽池底板所承受的时均压强，利于结构自身的稳定；另一方面，戽池首部跌坎的设置利于下泄水流在水体中的扩散，提高水体混掺剪切作用和消能效率，显著降低临底水流流速和戽池底板承受的脉动压强，利于底板结构的稳定。而根据戽池底板及跌坎立面处的脉动压强特征则可以辅助进行戽池首部跌坎高度的确定。

（1）根据戽池池首底板脉动压强随跌坎高度的变化规律选择跌坎高度。以典型结构为例，当设置跌坎高度为 0m 时戽池首部底板的脉动压强均方根值可达 50kPa 以上；设置跌坎高度为 2m 时，戽池首部底板的脉动压强均方根值下降 20kPa，约 40%；当跌坎高度增至 4m 时，戽池池首的脉动压强均方根值仍下降约 10kPa（P19 测点）；当跌坎高度继续增加时，脉动压强的变幅显著减小且规律不明显，表明此时泄流对底板附近水体的影响较弱，跌坎高度略大。考虑底板可承受一定的脉动压强，因此在满足底板结构稳定要求的前提下选择跌坎高度为 4m 的戽池较为合理。

（2）根据跌坎立面的脉动压强变化规律辅助进行戽池跌坎高度的选择。以典型结构为例，当跌坎高度由 2m 增至 4m 时，跌坎立面的脉动压强下降幅度较大；而当跌坎高度由

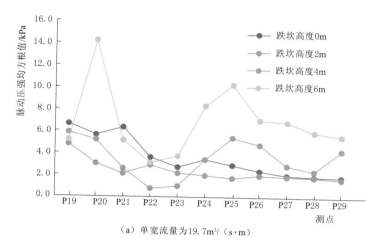

（a）单宽流量为19.7m³/（s·m）

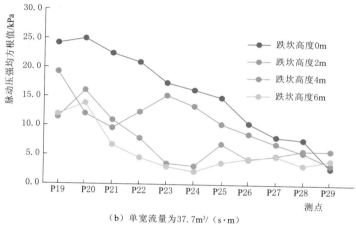

（b）单宽流量为37.7m³/（s·m）

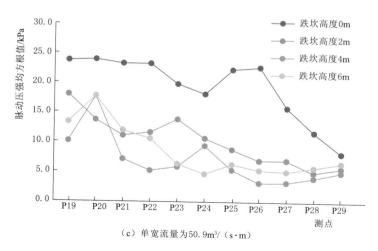

（c）单宽流量为50.9m³/（s·m）

图 2-36（一） 不同戽池跌坎高度时中心线处脉动压强均方根值

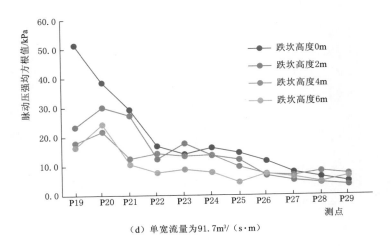

（d）单宽流量为91.7m³/（s·m）

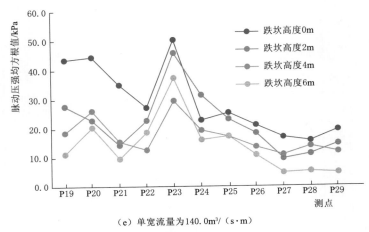

（e）单宽流量为140.0m³/（s·m）

图 2－36（二）　不同戽池跌坎高度时中心线处脉动压强均方根值

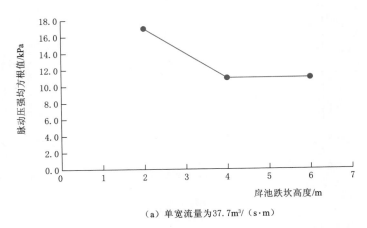

（a）单宽流量为37.7m³/（s·m）

图 2－37（一）　不同戽池跌坎高度时跌坎立面处脉动压强均方根值

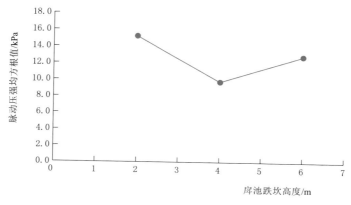

（b）单宽流量为50.9m³/（s·m）

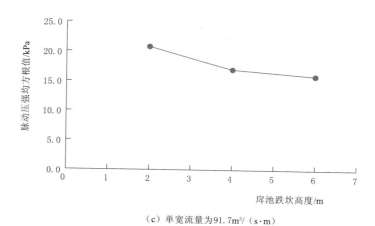

（c）单宽流量为91.7m³/（s·m）

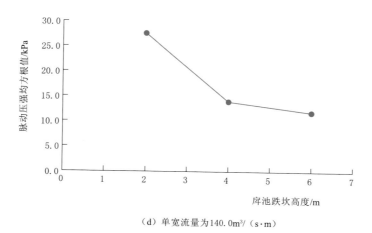

（d）单宽流量为140.0m³/（s·m）

图 2-37（二） 不同戽池跌坎高度时跌坎立面处脉动压强均方根值

4m 增至 6m 时，跌坎立面的脉动压强下降幅度明显减小，即：设置高度为 6m 跌坎时其减小脉动压强的效果并不显著，因此，选择 4m 的戽池跌坎高度较为合适。

（3）根据反弧段及跌坎立面脉动压强之差辅助进行戽池跌坎高度的选择。保持反弧段底面和戽池首部跌坎立面之间一定的脉动压强之差可以充分发挥建筑材料的性能，也不会对结构安全造成不利影响。以典型结构为例，反弧段与跌坎立面脉动压强差与单宽流量的关系如图 2-38 所示，可知：①当跌坎高度为 4m 时，不同典型单宽流量条件下，反弧段与跌坎立面的脉动压强差均限制在 20kPa 以下且当单宽流量较大时也保持一定的差值，此时跌坎高度合理；②跌坎高度为 2m 时，在大单宽流量泄流时跌坎立面承受的脉动压强过大，而在跌坎高度为 6m 时，在大单宽流量泄流时跌坎立面承受的脉动压强依然进一步减小，但减小幅度不大。就经济安全综合比较而言，跌坎高度为 4m 是较为合适的选择。

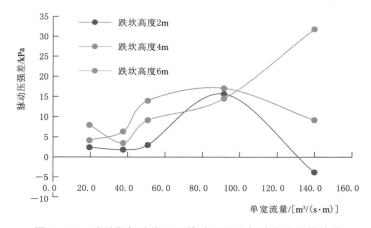

图 2-38　反弧段与跌坎立面脉动压强差与单宽流量的关系

（4）根据戽池底板最大脉动压强辅助进行戽池跌坎高度的选择。随着流量的增大，戽池底板的最大脉动压强均方根值也呈现增大的趋势；而脉动压强与跌坎高度却呈反相关关系，即：跌坎高度为 0m 时，戽池底板的脉动压强均方根值最大。根据已建跌坎型戽池的运行经验，戽池底板的脉动压强均方根值低于 40kPa 时，戽池底板相对安全。针对典型结构，当下泄 140.0m³/(s·m) 的单宽流量，跌坎高度为 0m 时戽池底板的最大脉动压强均方根值可达 50kPa 以上；设置一定高度的跌坎后，戽池底板的最大脉动压强明显下降；当跌坎高度为 4m 时，戽池底板的最大脉动压强均方根值可降至 40kPa 以下。相比较而言，跌坎高度为 4m 是较为合适的选择。戽池底板最大脉动压强均方根值与跌坎高度的关系如图 2-39 所示。

2.4.3　偏差系数

偏差系数又称偏态系数，在实践中，通常采用偏差系数 C_s 来表征动水压强的偏差程度，其计算式为

$$C_s = \frac{1}{N} \frac{\sum_{i=1}^{N} (p_i - \overline{p})^3}{\sigma^3} \tag{2-9}$$

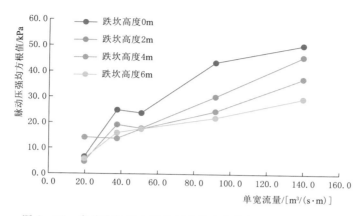

图 2-39 戽池底板最大脉动压强均方根值与跌坎高度的关系

当偏差系数为负时，说明时均压强在众数左侧，动水压强分布呈左偏状态；同样的，当偏差系数为正时，说明时均压强在众数右侧，动水压强分布呈右偏状态。由于宽尾墩-台阶面-跌坎型戽池组合式消能工不同结构单体的体型并不相同，导致不同区段水流的动水压强偏差系数也呈现出了不同的特征。在宽尾墩段，由于水体流动比较复杂，动水压强偏差系数也相对较大；在台阶式溢流坝段，特别是充分发展的台阶式溢流坝段，动水压强的偏差系数相对较小，基本在 0 附近波动，动水压强总体呈正态分布；进入戽池段后，动水压强的偏差系数沿程呈现逐渐减小的趋势，偏差系数由正向负偏移。戽池跌坎高度为 0m 时轴线处动水压强偏差系数如图 2-40 所示，不同单宽流量条件下宽尾墩和台阶式溢流坝段动水压强偏差系数见表 2-10。

进一步地，对戽池底板上动水压强的偏差系数进行分析发现，当戽池首部跌坎高度为 0m 时，戽池底板动水压强偏差系数沿程呈现由大逐渐减小的变化规律，说明水流的不稳定程度呈现沿程下降的趋势，底板承受的动水压强脉冲频次及峰值均有所降低；当戽池首部设置一定的跌坎后，戽池底板动水压强偏差系数沿程变化规律不明显，不过总体基本位

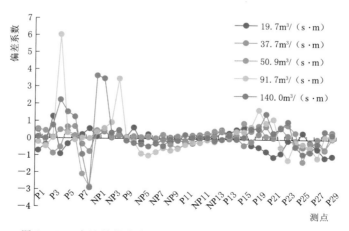

图 2-40 戽池跌坎高度为 0m 时轴线处动水压强偏差系数

表 2－10　　　　不同单宽流量条件下宽尾墩和台阶式溢流坝段动水压强偏差系数

位置	测点	单宽流量/[m³/(s·m)]				
		19.7	37.7	50.9	91.7	140.0
宽尾墩段	P1	−0.694	0.511	0.555	−0.197	0.116
	P2	−0.343	−0.388	0.459	−0.451	0.026
	P3	1.287	−0.866	0.074	0.050	0.781
	P4	−0.891	−0.508	0.510	6.040	2.246
台阶式溢流坝段	P5	−0.307	0.681	0.418	0.336	1.550
	P6	0.067	0.699	0.183	−0.075	1.262
	P7	0.242	−0.318	−2.071	0.043	−0.910
	P8	0.594	−0.752	−2.823	0.011	−2.882
	NP1	0.130	0.398	0.482	0.394	3.661
	NP2	0.415	0.437	0.448	0.614	3.488
	NP3	0.103	0.053	0.087	0.949	0.343
	NP4	0.184	0.270	0.180	3.480	0.505
	P9	0.094	0.012	0.025	0.073	−0.112
	P10	0.659	0.001	0.153	−0.187	−0.246
	NP5	−0.152	0.091	0.103	−0.868	−0.320
	NP6	0.275	0.162	0.102	−0.975	−0.434
	NP7	−0.267	−0.007	0.054	−0.769	−0.233
	NP8	−0.051	−0.054	0.255	−0.537	−0.403
	NP9	−0.210	0.091	−0.319	−0.675	−0.016
	NP10	−0.023	0.165	−0.533	−0.572	−0.089
	P11	−0.179	−0.099	−0.312	−0.336	0.255
	P12	−0.243	0.224	0.087	−0.214	0.111
台阶式溢流坝段	NP11	0.050	0.256	0.140	−0.214	0.098
	NP12	0.227	0.334	0.255	−0.048	0.096
	NP13	0.020	0.239	0.480	−0.148	−0.085
	NP14	0.454	0.557	0.458	−0.018	−0.001

于±1 之内。跌坎高度为 0m、2m、4m、6m 时反弧段、跌坎立面及戽池段动水压强偏差系数见表 2－11～表 2－14，不同戽池跌坎高度条件下戽池内动水压强偏差系数如图 2－41 所示。测点 P17 和 P18 反映了戽池首部跌坎立面上的动水压强特性，显然，跌坎高度及泄流量的变化并未对跌坎立面上动水压强的偏差系数产生显著的影响，其值总体多在±0.5 之间。

表 2－11　　　跌坎高度为 0m 时反弧段、跌坎立面及庳池段动水压强偏差系数

位置	测点	单宽流量/[m³/(s·m)]				
		19.7	37.7	50.9	91.7	140.0
反弧段	P13	0.366	0.028	0.261	0.180	0.238
	P14	0.573	0.110	0.234	0.470	0.009
	P15	0.674	−0.353	0.953	0.446	0.119
	P16	−0.350	−0.120	0.490	0.730	0.621
跌坎立面	P17	—	—	—	—	—
	P18	—	—	—	—	—
庳池段	P19	−0.448	0.289	0.795	1.714	0.623
	P20	−0.698	0.769	0.196	0.958	1.491
	P21	−1.014	0.095	0.260	1.177	0.388
	P22	−0.803	0.668	0.722	−0.451	0.682
	P23	−0.060	0.221	0.835	−1.193	1.043
	P24	−0.161	−0.068	0.401	−0.140	−0.410
	P25	0.381	−0.445	−1.272	−0.272	−0.846
	P26	−0.181	−0.479	−0.217	−0.469	−0.730
	P27	−0.551	0.018	−0.230	−1.074	−0.253
	P28	−1.048	−0.604	−0.574	0.159	0.481
	P29	−0.952	0.433	0.053	0.111	0.293

表 2－12　　　跌坎高度为 2m 时反弧段、跌坎立面及庳池段动水压强偏差系数

位置	测点	单宽流量/[m³/(s·m)]				
		19.7	37.7	50.9	91.7	140.0
反弧段	P13	0.383	0.372	−0.036	0.086	0.131
	P14	0.400	0.587	0.042	−0.326	0.521
	P15	0.368	0.442	0.027	0.587	0.538
	P16	−0.243	0.669	0.368	1.134	0.585
跌坎立面	P17	−0.325	0.624	−0.025	0.166	−0.157
	P18	—	—	—	—	—
庳池段	P19	−0.271	0.440	−0.092	0.281	−0.133
	P20	−0.254	0.137	−0.247	0.826	−0.371
	P21	1.097	0.601	0.203	1.699	−0.458
	P22	−0.328	0.901	−0.125	−0.251	−0.285
	P23	−0.032	0.993	0.310	−0.645	0.596
	P24	−0.731	0.232	−0.669	−0.795	−0.931
	P25	−0.973	−0.344	−0.734	−1.256	−0.611

续表

位置	测点	单宽流量/[m³/(s·m)]				
		19.7	37.7	50.9	91.7	140.0
戽池段	P26	−0.946	−0.519	0.259	0.673	−1.014
	P27	−0.848	−0.148	0.293	−0.347	−0.385
	P28	−0.779	−0.187	0.467	−0.524	0.787
	P29	−0.603	−0.247	−0.021	0.111	0.819

表 2-13　　跌坎高度为 4m 时反弧段、跌坎立面及戽池段动水压强偏差系数

位置	测点	单宽流量/[m³/(s·m)]				
		19.7	37.7	50.9	91.7	140.0
反弧段	P13	−0.184	0.288	−0.250	0.688	0.125
	P14	−0.418	0.400	0.019	−0.038	0.196
	P15	−0.377	0.917	0.057	0.346	0.321
	P16	−0.316	1.104	−0.293	0.802	0.245
跌坎立面	P17	0.392	0.703	0.118	0.437	0.454
	P18	0.144	0.823	0.231	0.170	0.482
戽池段	P19	−0.026	0.465	0.042	0.098	0.545
	P20	−0.586	−0.384	−0.290	0.397	−0.449
	P21	−0.896	0.286	0.673	0.123	−0.586
	P22	−0.830	0.359	0.492	−0.390	0.372
	P23	−0.681	−0.625	−0.054	−0.474	0.969
	P24	−1.493	−0.674	1.020	−0.657	−0.456
	P25	−1.414	0.979	−0.924	−0.197	−0.539
戽池段	P26	−0.663	0.072	0.753	−0.174	−1.635
	P27	−0.232	−0.052	−0.134	0.002	0.283
	P28	−0.304	−0.714	−0.409	0.075	0.089
	P29	−0.554	−0.813	−0.491	−0.488	0.510

表 2-14　　跌坎高度为 6m 时反弧段、跌坎立面及戽池段动水压强偏差系数

位置	测点	单宽流量/[m³/(s·m)]				
		19.7	37.7	50.9	91.7	140.0
反弧段	P13	1.463	0.019	−0.014	−0.098	−0.784
	P14	1.568	0.199	0.117	0.102	−0.263
	P15	1.489	0.233	0.260	0.618	1.142
	P16	1.087	0.426	−0.193	0.584	1.350

位置	测点	单宽流量/[m³/(s·m)]				
		19.7	37.7	50.9	91.7	140.0
跌坎立面	P17	−0.846	0.045	−0.134	0.573	−0.106
	P18	−0.867	−0.402	−0.284	0.527	−0.377
庳池段	P19	−1.087	−0.327	−0.340	0.192	−0.392
	P20	−0.857	−0.601	−0.376	1.371	−0.072
	P21	0.259	−0.290	0.050	0.089	−0.576
	P22	−1.080	0.327	1.181	0.153	0.826
	P23	−0.940	−0.740	0.803	−0.220	0.676
	P24	−0.190	−0.503	−0.145	−0.662	−0.036
	P25	0.650	−0.111	−0.167	0.300	−0.830
	P26	0.626	0.848	0.358	−0.309	−0.860
	P27	0.659	0.130	0.366	−0.165	−0.032
	P28	0.999	−0.500	−0.149	−0.617	−0.069
	P29	0.554	2.110	0.530	1.375	0.477

2.4.4 峰度系数

峰度系数通常用来反映统计对象的集中程度，其值越大，表明变量在均值附近的集中程度越高；反之，表明变量在均值附近较分散。特征点动水压强峰度系数可以在一定程度上反映动水压强的波动幅度及频度。根据峰度系数的定义可知，当动水压力的波幅变幅较大时，峰度系数值会偏小；反之，峰度系数值会偏大。在实践中，通常采用 C_e 来表示峰度系数，其计算式为

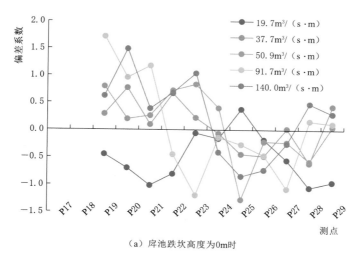

(a) 庳池跌坎高度为0m时

图 2-41（一） 庳池内动水压强偏差系数

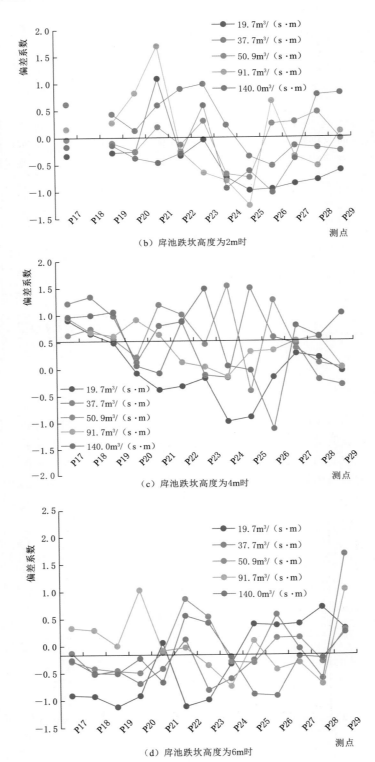

（b）戽池跌坎高度为2m时

（c）戽池跌坎高度为4m时

（d）戽池跌坎高度为6m时

图 2－41（二）　戽池内动水压强偏差系数

$$C_e = \frac{1}{N} \frac{\sum_{i=1}^{N}(p_i - \overline{p})^4}{\sigma^4}$$

(2-10)

以典型结构为例对宽尾墩-台阶面-跌坎型戽池组合式消能工底板中心线上动水压强的峰度系数进行说明，戽池跌坎高度为0m时底板动水压强峰度系数如图2-42所示，不同单宽流量条件下宽尾墩和台阶式溢流坝段动水压强峰度系数见表2-15，跌坎高度为0m时反弧段、跌坎立面及戽池段动水压强峰度系数见表2-16。可见，动水压强峰度系数与测点位置、泄量等密切相关。在宽尾墩附近的溢流面中心线上，动水压强的峰度系数在单宽流量小于140.0m³/(s·m)时均相对较小，在2~5之间，表明该处的动水压强值在泄流影响下会在一定范围内波动。相比之下，当单宽流量增至140.0m³/(s·m)时，宽尾墩尾部底板中心线上动水压强的峰度系数激增至9.236，表明此时泄流水体在宽尾墩收缩作用下对泄槽底板中心线附近的动水压强作用比较稳定，波动范围较小。台阶式溢流坝段动水压强的峰度系数亦呈现典型的分区特征：①在台阶面的上游区段，底板中心线附近动水压强的峰度系数与泄流量呈显著相关关系，当单宽流量小于37.7m³/(s·m)时，动水压强峰度系数相对较小，多在2~4之间，表明此时底板中心线上的动水压强在多方面因素影响下变幅较大，随着单宽流量的继续增大，受挑流水舌冲击影响，台阶面上游区段出现明显的冲击区，在该区域内动水压强测值稳定，变幅偏小，动水压强峰值系数迅速增大，在140.0m³/(s·m)时可达32.6；②在台阶面的下游区段，不同单宽流量下动水压强的峰度系数均未有显著的变化，数值基本在2~4区间内，反弧段和挑坎立面底板上动水压强的峰度系数相对较小且稳定，多在2~4之间，表明动水压强值是在一定范围内波动的，不过当单宽流量达到140.0m³/(s·m)时，受挑流冲击射流影响，在P20测点附近的动水压强峰度系数可达约9.4，表明动水压强测值的集中程度有所提升。

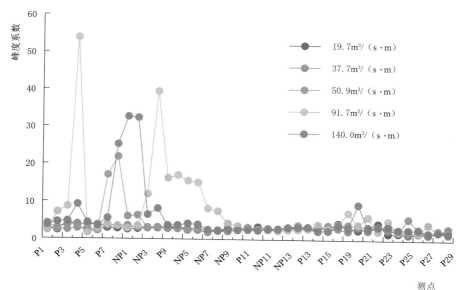

图2-42　戽池跌坎高度为0m时底板动水压强峰度系数

表 2－15　　　不同单宽流量条件下宽尾墩和台阶式溢流坝段动水压强峰度系数

位置	测点	单宽流量/[m³/(s·m)]			
		19.7	37.7	50.9	140.0
宽尾墩段	P1	2.712	2.733	4.216	3.757
	P2	2.314	2.935	2.625	4.587
	P3	4.582	3.801	2.460	4.796
	P4	3.664	4.025	2.889	9.236
台阶式溢流坝段	P5	1.705	3.799	2.645	4.424
	P6	2.421	3.827	2.196	3.599
	P7	2.967	3.516	17.025	5.614
	P8	2.834	3.528	21.836	25.207
	NP1	2.581	3.589	6.078	32.604
	NP2	2.759	3.140	6.368	32.290
	NP3	2.938	3.100	3.160	6.552
	NP4	3.002	3.202	3.273	8.214
	P9	2.938	2.850	3.377	3.766
	P10	3.150	2.809	3.251	3.803
	NP5	2.724	2.440	2.968	4.256
	NP6	3.016	2.437	2.934	3.980
	NP7	2.161	1.908	2.101	2.630
	NP8	2.454	2.324	2.177	2.507
	NP9	2.988	2.383	2.160	2.676
	NP10	3.067	2.755	2.641	2.542
	P11	2.853	2.973	3.309	2.593
	P12	3.448	2.704	2.827	2.476
	NP11	3.029	2.644	2.897	2.854
	NP12	2.984	2.877	2.956	2.908
	NP13	3.388	3.022	3.085	3.325
	NP14	3.807	3.282	3.928	3.424

表 2－16　　　跌坎高度为 0m 时反弧段、跌坎立面及戽池段动水压强峰度系数

位置	测点	单宽流量/[m³/(s·m)]			
		19.7	37.7	50.9	140.0
反弧段	P13	3.043	3.011	3.469	3.511
	P14	3.279	2.338	2.722	2.457
	P15	3.119	2.778	3.954	2.447
	P16	4.510	3.117	3.273	3.997

位置	测点	单宽流量/[m³/(s·m)]			
		19.7	37.7	50.9	140.0
跌坎立面	P17	—	—	—	—
	P18	—	—	—	—
戽池段	P19	3.560	2.379	4.121	3.292
	P20	2.637	3.433	3.802	9.447
	P21	3.310	2.589	3.537	3.334
	P22	4.502	3.789	3.530	3.578
	P23	1.779	2.770	3.309	3.635
	P24	1.850	2.374	2.235	2.898
	P25	1.541	1.814	5.717	2.849
	P26	1.847	2.452	3.098	2.875
	P27	1.722	1.547	2.138	1.871
	P28	2.409	2.242	2.730	2.239
	P29	2.260	3.275	2.401	1.898

在前文分析的基础上，进一步对跌坎高度对反弧段、跌坎立面及戽池段底板动水压强峰度系数的影响规律进行分析，跌坎高度为 2m、4m、6m 时反弧段、跌坎立面及戽池段动水压强峰度系数见表 2-17~表 2-19，不同跌坎高度时戽池底板动水压强峰度系数如图 2-43 所示。可见，跌坎高度的不同并未对动水压强的峰度系数产生显著的影响，反弧段及戽池底板中心线典型测点处动水压强的峰度系数多为 2~4。

表 2-17　　跌坎高度为 2m 时反弧段、跌坎立面及戽池段动水压强峰度系数

位置	测点	单宽流量/[m³/(s·m)]			
		19.7	37.7	50.9	140.0
反弧段	P13	3.433	3.503	4.109	3.043
	P14	3.561	4.657	3.135	2.855
	P15	3.638	3.197	2.490	3.055
	P16	2.720	3.509	2.605	3.618
跌坎立面	P17	2.389	3.488	3.645	2.361
	P18	—	—	—	—
戽池段	P19	2.229	3.223	3.464	2.942
	P20	2.844	2.449	2.934	2.874
	P21	4.445	2.839	2.185	3.034
	P22	1.764	3.611	2.096	3.314
	P23	1.949	2.997	2.318	2.643
	P24	2.253	1.831	3.493	3.353

续表

位置	测点	单宽流量/[m³/(s·m)]			
		19.7	37.7	50.9	140.0
戽池段	P25	2.185	2.084	3.137	3.293
	P26	2.170	1.921	2.315	3.313
	P27	1.999	1.719	2.332	3.008
	P28	1.937	1.698	2.523	3.512
	P29	1.842	1.847	2.979	2.478

表 2-18　跌坎高度为 4m 时反弧段、跌坎立面及戽池段动水压强峰度系数

位置	测点	单宽流量/[m³/(s·m)]			
		19.7	37.7	50.9	140.0
反弧段	P13	3.138	2.788	3.035	2.887
	P14	2.806	4.543	2.635	3.091
	P15	2.191	5.034	2.671	2.900
	P16	2.929	5.356	2.573	3.024
跌坎立面	P17	2.087	3.550	3.278	3.058
	P18	1.895	3.595	2.975	2.872
戽池段	P19	1.865	3.367	3.156	2.903
	P20	1.967	3.199	1.838	3.550
	P21	3.272	2.097	3.833	2.796
	P22	8.751	2.340	2.668	3.112
	P23	4.680	3.917	2.634	3.737
	P24	4.675	2.263	2.940	2.266
	P25	3.959	3.923	2.885	3.094
	P26	1.865	2.591	2.844	7.420
	P27	1.611	2.339	1.768	1.900
	P28	1.569	2.855	1.919	1.987
	P29	1.614	2.447	2.523	1.967

表 2-19　跌坎高度为 6m 时反弧段、跌坎立面及戽池段动水压强峰度系数

位置	测点	单宽流量/[m³/(s·m)]			
		19.7	37.7	50.9	140.0
反弧段	P13	4.537	3.250	2.495	3.628
	P14	4.612	3.318	3.074	2.606
	P15	4.672	3.760	2.789	4.429
	P16	5.081	3.388	3.822	4.728

续表

位置	测点	单宽流量/[m³/(s·m)]			
		19.7	37.7	50.9	140.0
跌坎立面	P17	3.134	2.400	3.501	2.314
	P18	2.990	2.348	3.120	2.896
戽池段	P19	3.748	2.040	2.903	3.411
	P20	2.464	2.947	2.706	1.734
	P21	6.002	2.217	2.547	2.421
	P22	4.323	1.897	3.737	2.383
	P23	2.438	2.695	2.709	2.727
	P24	2.432	2.307	3.080	2.042
	P25	2.468	2.603	2.518	3.087
	P26	1.894	2.713	2.028	3.032
	P27	2.169	1.550	2.046	2.344
	P28	2.404	2.233	3.035	1.928
	P29	1.680	6.787	4.325	2.085

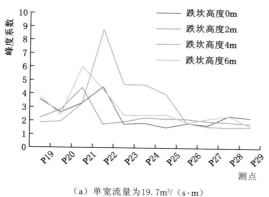

（a）单宽流量为19.7m³/（s·m）

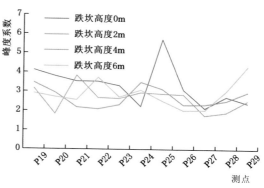

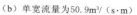

（b）单宽流量为50.9m³/（s·m）

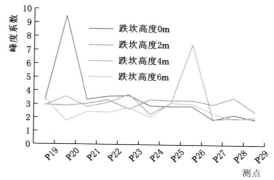

（c）单宽流量为140.0m³/（s·m）

图 2-43　不同跌坎高度时戽池底板动水压强峰度系数

2.5　水流掺气

2.5.1　气相分布分析

在典型结构的基础上,对宽尾墩-台阶面-跌坎型戽池组合式消能工在不同泄流量条件下的掺气特征进行了对比分析,结果表明,跌坎高度的不同对水流掺气分布规律影响较小。不失一般性,选择戽池跌坎高度为 6m 的体型为例对宽尾墩-台阶面-跌坎型戽池组合式消能工的气相分布特征进行说明。戽池跌坎高度为 6m 时气相分布数值模拟结果如图 2-44 所示,其中,将液相体积占比为 50% 的等值面作为水气界面的典型分界线;以液相体积占比为 20% 的等值面为代表研究水面附近水体的激溅情形;以液相体积占比为 80% 的等值面为代表研究分析气体在水体中的下潜及分布特征。

当单宽流量为 $19.7\mathrm{m^3/(s \cdot m)}$ 时,宽尾墩及台阶式溢流坝段的水流较为平稳,水面激溅现象非常轻微,戽池整体水面较为平稳,水面上方仅有少量的水体激溅现象。当单宽流量增至 $50.9\mathrm{m^3/(s \cdot m)}$ 时,泄流水体增厚,在宽尾墩处水深已经增至中部束窄段,受其影响,下泄水舌形态已经成为倒 “T” 形,受其影响,戽池水面的不稳定程度加剧,其首部附近的水面激溅程度显著增大。水面上下均存在大量的含气量为 20% 的等值面。随着单宽流量继续增至 $140.0\mathrm{m^3/(s \cdot m)}$,水体的不稳定程度逐步加剧,反弧段及戽池首部

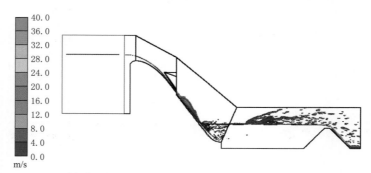

（a）液相体积占比为20%的等值面分布[单宽流量为19.7m³/（s·m）]

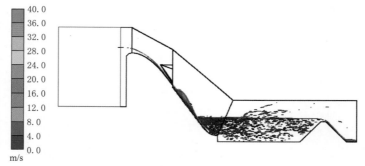

（b）液相体积占比为80%的等值面分布[单宽流量为19.7m³/（s·m）]

图 2-44 （一）　戽池跌坎高度为 6m 时气相分布数值模拟结果

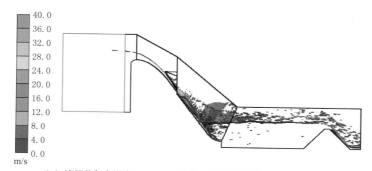

（c）液相体积占比为20%的等值面分布［单宽流量为37.7m³/（s·m）］

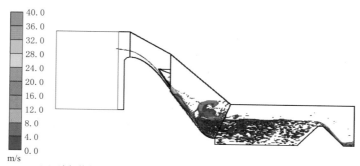

（d）液相体积占比为80%的等值面分布［单宽流量为37.7m³/（s·m）］

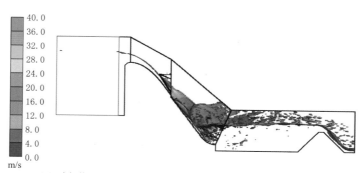

（e）液相体积占比为20%的等值面分布［单宽流量为50.9m³/（s·m）］

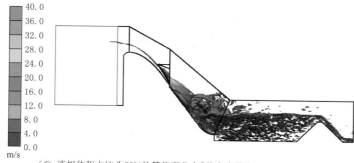

（f）液相体积占比为80%的等值面分布［单宽流量为50.9m³/（s·m）］

图 2-44（二）　戽池跌坎高度为6m时气相分布数值模拟结果

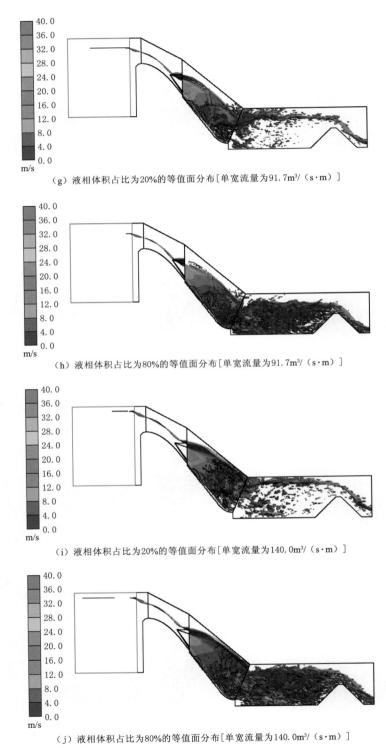

（g）液相体积占比为20%的等值面分布［单宽流量为91.7m³/（s·m）］

（h）液相体积占比为80%的等值面分布［单宽流量为91.7m³/（s·m）］

（i）液相体积占比为20%的等值面分布［单宽流量为140.0m³/（s·m）］

（j）液相体积占比为80%的等值面分布［单宽流量为140.0m³/（s·m）］

图 2-44（三）　底池跌坎高度为 6m 时气相分布数值模拟结果

附近水面破碎加剧，该部位形成了剧烈的水气混掺两相流。同时，戽池水面也形成了大范围的不稳定水股，水面激溅现象严重。从液相体积占比为80%的等值面分布图可以看到，当单宽流量大于19.7m³/(s·m)时，气泡均可以潜入到池底，且随着单宽流量的增大，潜入池底的气泡量也越大。不过，在试验范围内，戽池底部近跌坎附近存在着一个气泡分布不甚密集的区域。比较不同跌坎高度下气泡的下潜状况可以看到，跌坎越高气泡越不易下潜到池底。

为了更直观地观测宽尾墩-台阶面-跌坎型戽池组合式消能工的气相分布状态，选择两个典型流量进行模型试验测试，组合式消能工中水流掺气状态如图2-45所示。总的来看，当流量较小时［单宽流量为24.5m³/(s·m)］，在宽尾墩段，水流清澈，试验中未观测到显著的掺气现象。当水流进入台阶面后则形成破碎状态，并沿着台阶面向下游滑移，目视水流掺气状态良好；当掺气水流通过台阶面进入反弧段后，其会沿着反弧段末端顺势以水平方向进入消力池内，但由于出射水流惯性相对于消力池内水体阻力而言较小，加之掺气水流密度略低，导致掺气水流流向在进入消力池后会逐渐改变至斜向上方向，由此泄放水流即会在消力池靠近上游侧形成不会发展到消力池底部的局部横轴旋滚水流。而由于泄放水流对消力池水体的影响有限，因此在消力池的下游一侧，整个水深范围内的水流流向均朝向下游。鉴于气体对泄放水流良好的跟随性，因此消力池内水流强掺气区亦基本与水流横轴旋滚区一致。随着组合式消能工泄放流量的逐渐增大，消力池内靠近上游侧的局部横轴旋滚体逐渐增大并向下游延伸，直至泄放水流主流可以进入消力池底部并沿消力池底部向下游流动，在到达尾坎后水流沿尾坎开始向上流动。而在消力池的表面则形成下游向上游的逆向流动。从左侧面看，水流在消力池内形成了顺时针的环流。总的来看，消力池内的水流掺气非常充分。

（a）单宽流量为24.5m³/(s·m)　　　　　　　　（b）单宽流量为64.2m³/(s·m)

图2-45　组合式消能工中水流掺气状态

2.5.2　水流掺气特性

在典型结构的基础上，利用物理模型试验对宽尾墩-台阶面-跌坎型戽池组合式消能工的掺气特征进行研究，其中，在宽尾墩以下的台阶溢流坝和戽池底板上共布置了12个水流掺气浓度测点，沿泄水孔的中心线布置了 8 个水流掺气浓度测点，沿戽池底板中心线布置了 4 个水流掺气浓度测点，水流掺气浓度测点布置如图 2-46 和表 2-20 所示，相应的不同单宽流量条件下各个测点处的水流掺气浓度结果见表 2-21。可见，测点 TC1 位于掺气底部空腔段，由于底部水流回壅上溯，其台阶面上仍然存在一定的旋滚水体，表孔中心线水体旋滚强，相应水流掺气浓度较大，实测水流的平均掺气浓度可达到 50% 以上。在掺气空腔以下的台阶面上，底部水流掺气浓度沿程减小。随着库水位升高和下泄流量的增大，沿表孔中心线台阶面水流掺气浓度有增大的趋势。戽池内的底部水流掺气浓度相对台阶面而言有所减小，实测水流平均掺气浓度在 3.0% 以上，且沿程减小。

对比大朝山、索风营等类似工程模型试验、原型观测的水流掺气浓度研究成果，由于水流掺气浓度的缩尺影响，原型实际水流掺气浓度将大于模型测量值，且一般认为掺气浓度大于 3%～4% 的情况下能起到很好的掺气减蚀作用，模型试验中实测水平台阶面上贴壁水流的掺气浓度基本都在 7% 以上，能够对过流台阶面起到掺气减蚀的保护作用。

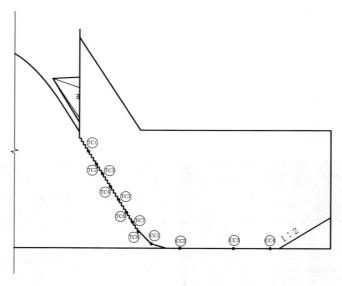

图 2-46　水流掺气浓度测点布置图

表 2-20　　　　　　　　　　　　　水流掺气浓度测点桩号及高程

测点编号	位置	备注	测点编号	位置	备注
TC1	第 5 级台阶平面	沿表孔中心线台阶面	TC7	第 27 级台阶平面	沿表孔中心线台阶面
TC2	第 9 级台阶平面		TC8	第 30 级台阶平面	
TC3	第 12 级台阶平面		CC1	反弧中点	反弧段
TC4	第 16 级台阶平面		CC2	戽池起点	戽池底板
TC5	第 20 级台阶平面		CC3	戽池中部	
TC6	第 24 级台阶平面		CC4	戽池尾部	

表 2 - 21　　　　　　　　　　台阶面及戽池底板测点水流掺气浓度　　　　　　　　　　%

测点编号	单宽流量为 173.5m³/(s·m)			单宽流量为 138.8m³/(s·m)			单宽流量为 105.1m³/(s·m)			单宽流量为 48.1m³/(s·m)		
	掺气浓度	最小掺气浓度	最大掺气浓度	掺气浓度	最小掺气浓度	最大掺气浓度	掺气浓度	最小掺气浓度	最大掺气浓度	掺气浓度	最小掺气浓度	最大掺气浓度
TC1	62.4	51.1	65.0	57.1	47.3	68.0	54.7	49.0	58.3	57.1	47.3	61.0
TC2	40.7	39.2	51.7	38.3	36.2	41.4	37.1	35.7	38.2	38.3	36.2	41.4
TC3	32.4	30.4	37.2	26.1	25.9	28.2	26.3	24.9	28.4	39.1	28.9	51.2
TC4	23.5	18.1	25.2	18.6	16.3	24.3	17.8	15.9	20.9	23.6	20.3	26.3
TC5	16.1	15.1	20.4	14.7	11.7	18.5	14.9	13.6	15.5	19.7	18.7	21.5
TC6	14.3	13.1	15.5	9.8	8.6	14.2	13.7	13.0	14.9	17.4	16.6	18.2
TC7	14.2	13.7	16.8	9.6	8.2	15.3	8.2	7.4	8.9	16.4	13.2	20.0
TC8	13.8	12.9	14.5	8.8	7.9	12.1	8.0	7.1	9.3	11.8	10.9	13.1
CC1	6.3	6.1	6.6	5.4	4.1	5.7	5.0	3.8	5.6	5.4	5.1	5.7
CC2	6.2	5.1	6.8	4.2	4.1	4.6	4.3	3.8	4.6	4.5	4.1	4.3
CC3	5.8	5.4	6.3	3.6	3.2	5.0	3.9	3.4	4.3	3.6	3.2	4.0
CC4	5.3	5.0	6.1	3.4	3.3	4.2	3.4	3.0	4.9	3.4	3.3	4.5

　　为了展示戽池内水流掺气浓度的垂向分布状况，在典型结构的基础上，选择 4 个代表性断面进行了模型试验测试，消力池内掺气浓度垂向分布如图 2 - 47 所示。其中 1 号断面距离戽池首部 6m，2 号断面距离戽池首部 24m，3 号断面距离戽池首部 48m，4 号断面距离戽池首部 72m。

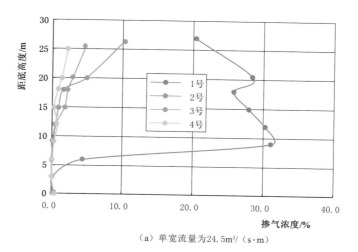

（a）单宽流量为 24.5m³/(s·m)

图 2 - 47（一）　消力池内掺气浓度垂向分布图

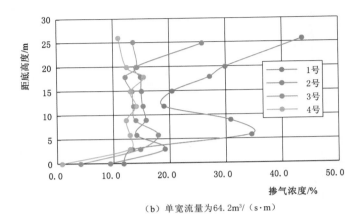

（b）单宽流量为64.2m³/（s·m）

图 2 - 47（二）　消力池内掺气浓度垂向分布图

从浓度垂向分布来看，当泄流量较小时，受水流在反弧段卷气射流影响，池首附近高掺气浓度的水体分布较深，通过试验可知，在超过 15m 以下仍可测得约 30% 的掺气浓度。但在远离池首的测线中发现，掺气浓度较大的区域主要分布在戽池中的水体表面附近，5~10m 的水体中掺气浓度均相对较低。当泄流量较大时，戽池中各典型测线处测得到掺气浓度的分布规律均基本类似，即在大部分的水深范围内，水体的掺气浓度均较高，模型中实测水流的掺气浓度可达 10% 以上，仅在池底附近水体的掺气浓度有所差异，总体特征为自戽池上游至下游近底水流掺气浓度逐渐减小，在戽池池首附近的 1 号断面处的近底水体掺气浓度可达约 12%，而到戽池池尾尾槛断面附近时，近底水流掺气浓度即降低到2%~3%。

2.6　空化特性

2.6.1　水流空化特性

分析水流空化特性的目的是判断结构自身在一定的高速水流条件下是否可能发生空化水流。以典型结构体型为例，借助减压模型试验对宽尾墩-台阶面-跌坎型戽池组合式消能工的水流空化特性进行了研究。其中，水流空化数 σ 是反映结构体型抗空化能力的重要参数，计算式为

$$\sigma = \frac{\dfrac{p}{\gamma} + \dfrac{p_a}{\gamma} - \dfrac{p_v}{\gamma}}{\dfrac{v^2}{2g}} \qquad (2-11)$$

式中：p 为各典型测点处的相对压强；p_a 为当地大气压强；p_v 为饱和蒸汽压强；v 为参考点处的流速。

参考点处的流速可在忽略能量损失的条件下由伯努利方程确定。结合模型试验中的实测压力资料，按式（2-11）可计算得到宽尾墩-台阶面-跌坎型戽池组合式消能工不同部

位的水流空化数，见表 2-22。

表 2-22　　　　　　　　　　　不同部位的水流空化数

单宽流量 /[m³/(s·m)]	部　位			
	宽尾墩段	台阶面段	反弧段	池底
19.7	0.35~7.25	0.11~0.60	0.19~0.32	0.29~0.33
37.7	0.33~2.01	0.07~0.41	0.21~0.41	0.32~0.39
50.9	0.32~1.41	0.06~0.39	0.22~0.58	0.31~0.58
91.7	0.31~1.38	0.09~0.36	0.30~0.56	0.33~0.59
140.0	0.28~1.12	0.09~0.34	0.33~0.68	0.33~0.68

可见，宽尾墩-台阶面-跌坎型戽池组合式消能工台阶坝面段的水流空化数较小，不同运行条件下台阶坝面的最小水流空化数为 0.06~0.11，而且水流空化数最小的部位也靠近台阶坝面与反弧段的连接段。结合流态分析认为，在这种组合式消能工中，台阶坝面以及台阶坝面首、末端的连接部位是容易发生空化水流的地方。进一步地，利用减压模型试验对上述三处典型部位附近的水流空化噪声进行了监听，水听器的布置位置见表 2-23、空化噪声测点布置如图 2-48 所示。水听器采用丹麦 B&K 公司

表 2-23　　　　　水听器的布置位置

探头编号	位　置
1 号	宽尾墩段与台阶式溢流坝连接段
2 号	台阶坝面区中段
3 号	台阶式溢流坝与反弧段连接段

生产的 8103 型水听器，采集分析软件采用丹麦 B&K 公司开发的 PULSE 12。

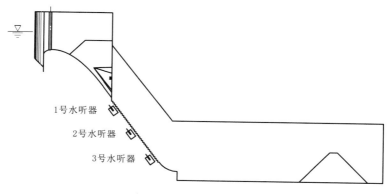

图 2-48　空化噪声测点布置图

在对宽尾墩-台阶面-跌坎型戽池组合式消能工的水流空化噪声进行分析时，同时参考了水流噪声在高频段的频谱声压级增量 ΔSPL 和相对噪声能量 E/E_1 的变化过程。其中，在利用水流噪声频谱声压级增量 ΔSPL 进行分析时，选取减压箱内相对真空度 η 为 0.85 倍相似真空度 η_m 时的水流噪声作为背景噪声，分析在相似真空度条件下各典型频段上水流噪声的声压级增量特征，进而判断水流的空化特性。当利用相对噪声能量 E/E_1 对水流空化特性进行分析时则主要观测其随时间的变化过程。一般认为：当水流噪声高频段的最

大噪声频谱声压级增量 ΔSPL_{max} 在 $5.0\sim7.0$dB，相对噪声能量 E/E_1 在 2.0 左右即为初生空化；最大噪声频谱声压级增量 ΔSPL_{max} 大于 10.0dB，相对噪声能量 E/E_1 持续大于 3.0，则表示水流空化状态比较严重，已进入水流空化发展阶段。鉴于水流空化噪声具有高频特性，因此在进行水流空化特性分析时亦主要针对 10kHz 以上的高频段噪声信息进行分析。

为了反映不同台阶坝面特征参数下的水流空化特性，选择两种典型台阶坝面体型进行说明。一种为典型结构中的台阶高度为 1.2m 的体型，另外一种为台阶高度为 0.9m 的体型。台阶高度 1.2m 时，不同单宽流量条件下台阶坝面空化噪声频谱曲线和能量过程线如图 2-49~图 2-53 所示，台阶高度 0.9m 时，不同单宽流量条件下台阶坝面空化噪声频谱曲线和能量过程线如图 2-54~图 2-58 所示。

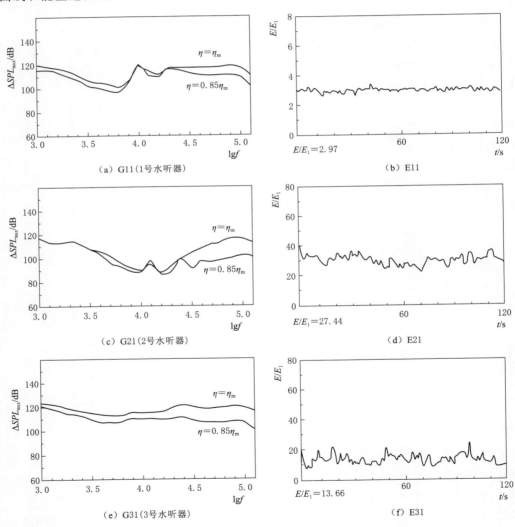

图 2-49　单宽流量为 140.0m³/(s·m) 时，台阶坝面空化噪声频谱曲线
和能量过程线（台阶高度 1.2m）

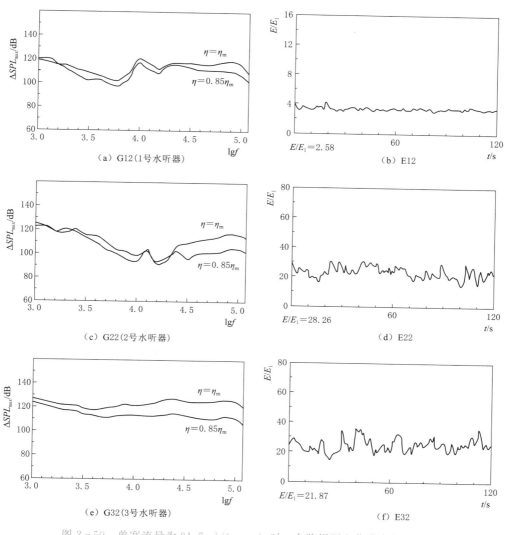

图 2-50 单宽流量为 91.7m³/(s·m) 时，台阶坝面空化噪声频谱曲线
和能量过程线（台阶高度 1.2m）

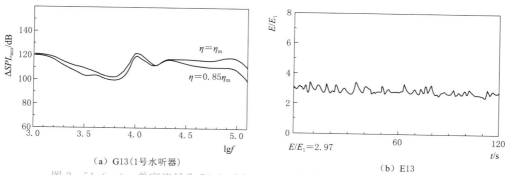

图 2-51（一） 单宽流量为 50.9m³/(s·m) 时，台阶坝面空化噪声频谱曲线
和能量过程线（台阶高度 1.2m）

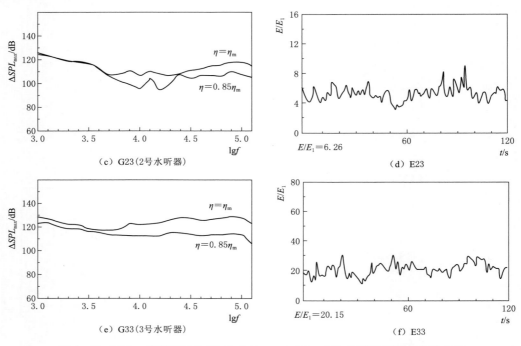

（c）G23（2号水听器）

（d）E23

（e）G33（3号水听器）

（f）E33

图 2-51（二）　单宽流量为 50.9m³/（s·m）时，台阶坝面空化噪声频谱曲线
和能量过程线（台阶高度 1.2m）

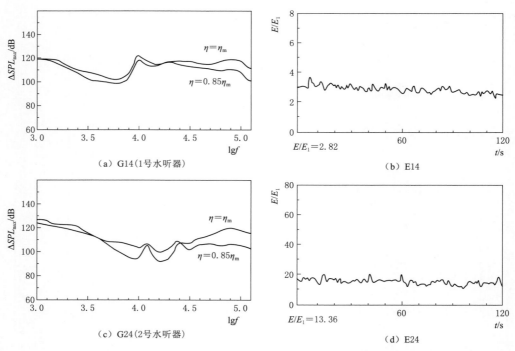

（a）G14（1号水听器）

（b）E14

（c）G24（2号水听器）

（d）E24

图 2-52（一）　单宽流量为 37.7m³/（s·m）时，台阶坝面空化噪声频谱曲线
和能量过程线（台阶高度 1.2m）

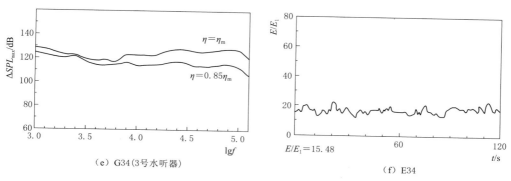

（e）G34（3号水听器）　　　　　　　　　　（f）E34

图 2-52（二）　单宽流量为 37.7m³/(s·m) 时，台阶坝面空化噪声频谱曲线
和能量过程线（台阶高度 1.2m）

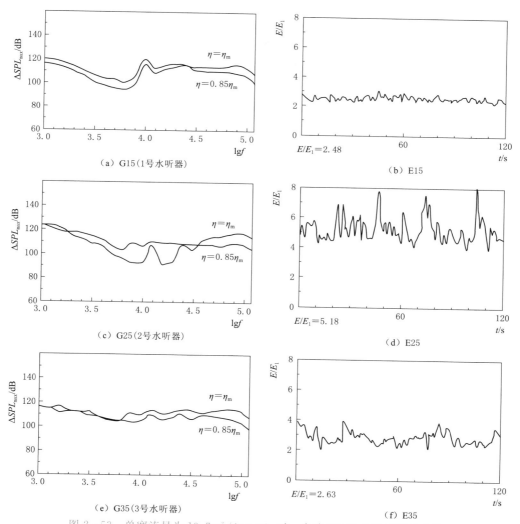

（a）G15（1号水听器）　　　　　　　　　　（b）E15

（c）G25（2号水听器）　　　　　　　　　　（d）E25

（e）G35（3号水听器）　　　　　　　　　　（f）E35

图 2-53　单宽流量为 19.7m³/(s·m) 时，台阶坝面空化噪声频谱曲线
和能量过程线（台阶高度 1.2m）

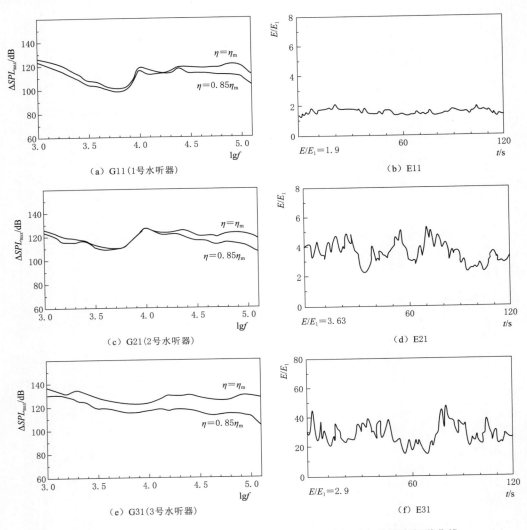

（a）G11（1号水听器）

（b）E11

（c）G21（2号水听器）

（d）E21

（e）G31（3号水听器）

（f）E31

图 2-54　单宽流量为 140.0m³/（s·m）时，台阶坝面空化噪声频谱曲线
和能量过程线（台阶高度 0.9m）

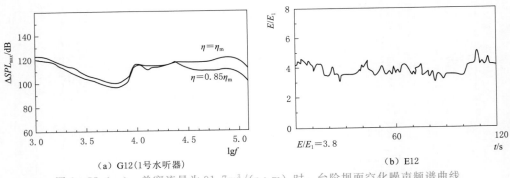

（a）G12（1号水听器）

（b）E12

图 2-55（一）　单宽流量为 91.7m³/（s·m）时，台阶坝面空化噪声频谱曲线
和能量过程线（台阶高度 0.9m）

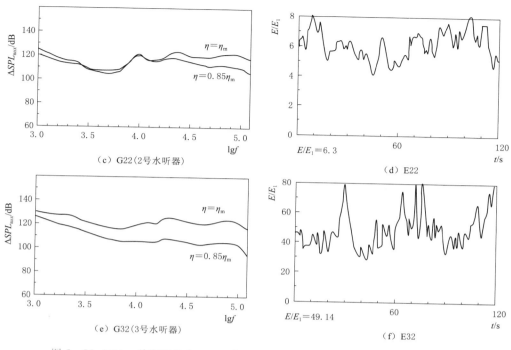

（c）G22（2号水听器）

（d）E22

（e）G32（3号水听器）

（f）E32

图 2-55（二） 单宽流量为 91.7m³/（s·m）时，台阶坝面空化噪声频谱曲线
和能量过程线（台阶高度 0.9m）

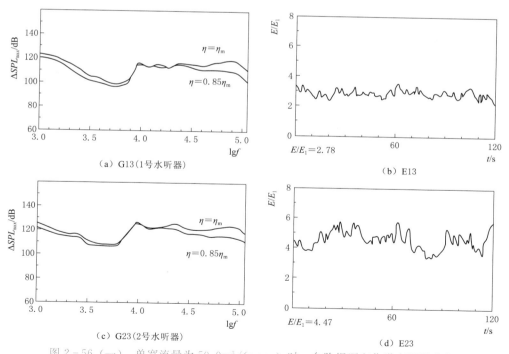

（a）G13（1号水听器）

（b）E13

（c）G23（2号水听器）

（d）E23

图 2-56（一） 单宽流量为 50.9m³/（s·m）时，台阶坝面空化噪声频谱曲线
和能量过程线（台阶高度 0.9m）

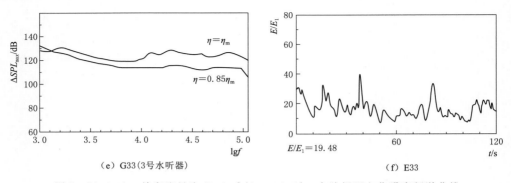

（e）G33（3号水听器）　　　　　　　（f）E33

图 2-56（二）　单宽流量为 50.9m³/(s·m) 时，台阶坝面空化噪声频谱曲线
和能量过程线（台阶高度 0.9m）

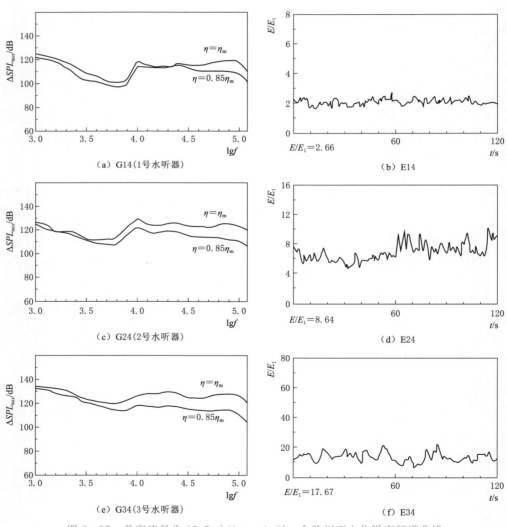

（a）G14（1号水听器）　　　　　　　（b）E14

（c）G24（2号水听器）　　　　　　　（d）E24

（e）G34（3号水听器）　　　　　　　（f）E34

图 2-57　单宽流量为 37.7m³/(s·m) 时，台阶坝面空化噪声频谱曲线
和能量过程线（台阶高度 0.9m）

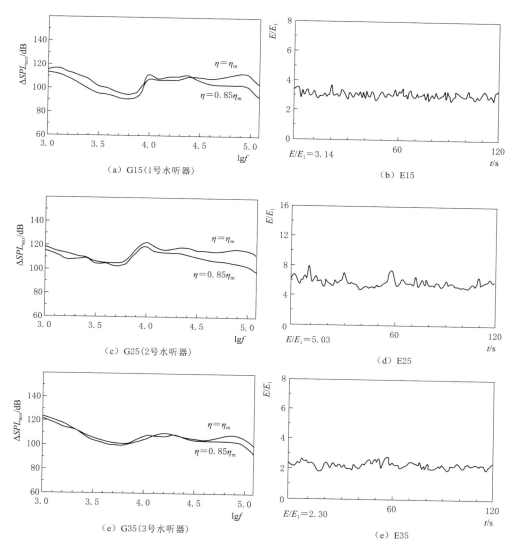

图 2-58 单宽流量为 $19.7\mathrm{m}^3/(\mathrm{s}\cdot\mathrm{m})$ 时，台阶坝面空化噪声频谱曲线
和能量过程线（台阶高度 0.9m）

从图 2-49～图 2-53 可以看出：在不同单宽流量条件下，1 号水听器 10kHz 以上的最大噪声频谱声压级增量 $\Delta SPL_{\max}$ 为 8～10dB，相对噪声能量 E/E_1 在 2～3 之间；2 号水听器最大噪声频谱声压级增量 $\Delta SPL_{\max}$ 为 10～16dB，E/E_1 在 5～28 之间；3 号水听器最大噪声频谱声压级增量 $\Delta SPL_{\max}$ 为 10～17dB，E/E_1 在 2～22 之间。

从图 2-54～图 2-58 可以看出：在不同单宽流量条件下，1 号水听器最大噪声频谱声压级增量 $\Delta SPL_{\max}$ 为 10～12dB，相对噪声能量 E/E_1 在 2～3 之间；2 号水听器最大噪声频谱声压级增量 $\Delta SPL_{\max}$ 为 9～14dB，E/E_1 在 3～9 之间；3 号水听器最大噪声频谱声压级增量 $\Delta SPL_{\max}$ 为 6～25dB，E/E_1 在 2～50 之间。

　　将上述空化噪声特征数据进行汇总，不同台阶高度条件下空化噪声特征数比较见表 2-24。根据空化水流的判断标准可知，在宽尾墩尾部不设掺气设施的情况下两种不同台阶高度的台阶坝面均存在空化水流，而且水流空化程度由上游至下游呈现逐渐增强的变化趋势，中下部的台阶坝面水流空化最大噪声频谱声压级增量高达 20dB 以上，相对噪声能量亦大于 10.0，表明泄洪时存在比较严重的空化水流，极可能诱发空蚀破坏。比较两种体型的水流空化噪声特征数据可知，相比于台阶高度为 0.9m 的体型，采用台阶高度为 1.2m 体型时，在台阶溢流面下游与反弧连接段附近的水流空化噪声信号相对减弱。

表 2-24　　　　　　　　　　不同台阶高度条件下空化噪声特征数比较表

探头编号	$\Delta SPL_{max}/dB$		E/E_1	
	0.9m 台阶高度	1.2m 台阶高度	0.9m 台阶高度	1.2m 台阶高度
1 号	10~12	8~10	2~3	2~3
2 号	9~14	10~16	3~9	5~28
3 号	6~25	10~17	2~50	2~22

　　此外，以台阶高度为 1.2m 的体型为例对台阶式溢流坝段三个典型位置处相对噪声能量 E/E_1 与背景真空度（减压箱内真空度）的关系进行了分析，台阶式溢流坝段空化特性曲线如图 2-59 所示。可见，在相似真空度 η_m 时，各典型位置处的水流高频段噪声相对能量分别为：$(E/E_1)_{1号水听器} \approx 3$；$(E/E_1)_{2号水听器} \approx 4$；$(E/E_1)_{3号水听器} \approx 27$。显然，

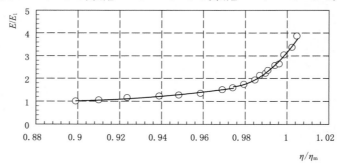

（a）台阶坝面首部 $E/E_1 - \eta/\eta_m$ 关系曲线（1号水听器）

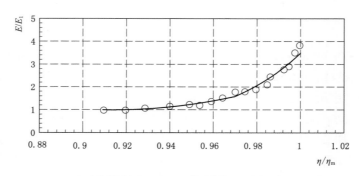

（b）台阶坝面中部 $E/E_1 - \eta/\eta_m$ 关系曲线　（2号水听器）

图 2-59（一）　台阶式溢流坝段空化特性曲线（台阶高度 1.2m，无挑坎）

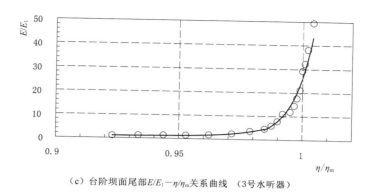

（c）台阶坝面尾部 $E/E_1-\eta/\eta_m$ 关系曲线 （3号水听器）

图 2-59（二） 台阶式溢流坝段空化特性曲线（台阶高度 1.2m，无挑坎）

三处的水流高频段噪声相对能量值均大于 2，表明均存在空化水流。相比较而言，1 号和 2 号水听器附近的水流空化强度相对较弱，而 3 号水听器附近则存在比较强烈的空化水流。

　　进一步地分析认为，虽然在宽尾墩的作用下使水流发生了横向收缩，水流出闸室后以纵向扩散的窄缝水舌形态下泄，射流水舌两侧形成临空的自由面，直接与大气相通，似乎有利于向射流底部掺气，但是在宽尾墩尾部不设掺气坎的情况下，由于射流水舌经宽尾墩出口后在重力作用下立即冲击台阶，使水流沿台阶向两侧流动，使空气不能进入射流底部，因此对台阶面上的水流难以形成有效掺气。水流空化噪声测试结果亦表明，宽尾墩-台阶面-跌坎型底池组合式消能工在不设掺气设施的情况下台阶坝面容易发生空化水流，而且高流速区域可能出现严重的空化水流，故泄洪时存在发生空蚀破坏的风险。

2.6.2 掺气挑坎比较

　　为了改善台阶坝面的抗空化性能，可以考虑在宽尾墩-台阶面-跌坎型底池组合消能工的宽尾墩出口处增设掺气挑坎。不失一般性，以四种典型掺气坎体型为例，通过减压模型试验对比分析在宽尾墩出口处增设掺气挑坎后水流空化特征参数的变化规律。这四种典型的掺气坎体型分别为高 1.5m 的挑坎，高 2.5m 的挑坎、高 3.0m 的挑坎以及三角形挑坎，各典型掺气挑坎体型示意如图 2-60 所示。

　　首先，比较分析增设掺气挑坎后对台阶坝面区时均压强及水流空化数的影响。不失一般性，以高为 2.5m 的挑坎和高为 3.0m 的挑坎为例，对增设挑坎对台阶坝面不同典型位置处时均压强及水流空化数的影响进行分析。其中：①设置高 2.5m 的掺气挑坎后台阶坝面首部、中部和尾部三个位置处的时均压强和水流空化数分别见表 2-25 和表 2-26；②设置高 3.0m 的掺气挑坎后台阶坝面首部、中部和尾部三个位置处的时均压强和水流空化数分别见表 2-27 和表 2-28。可见，设置高 2.5m 掺气挑坎后，在台阶坝面的首部、中部区域均存在一定的负压，最大负压发生在小单宽泄流时台阶坝面的首部，其值为 -1.13×9.81kPa。台阶坝面的水流空化数范围在 0.12~0.29，台阶坝面首部的水流空化数大于台阶坝面中部、尾部的水流空化数。对于高 3.0m 的掺气挑坎，在单宽流量较

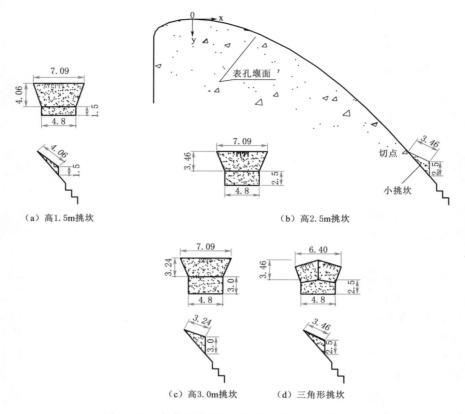

图 2-60　各典型掺气挑坎体型示意图（单位：m）

大时，因水流基本挑离台阶坝面中部以上，故不存在空化问题。随着单宽流量的减小，挑射水流的冲击距离呈减小趋势。小单宽流量泄流时，在台阶坝面的中部附近存在负压，最大负压为 -0.17×9.81 kPa。台阶坝面的水流空化数范围在 $0.12\sim0.29$，台阶坝面首部的水流空化数大于台阶坝面中部、尾部。总的来说，在增设掺气挑坎后，虽然在台阶面段仍可观测到一定的负压，但水流空化数有一定程度的增大，利于提高结构自身抑制水流空化的性能。

表 2-25　　　　　　　　　2.5m 高的掺气挑坎后台阶坝面时均压强

单宽流量/[m³/(s·m)]	时均压强/×9.81kPa		
	台阶坝面首部	台阶坝面中部	台阶坝面尾部
140.0	$-0.08\sim0.05$	$-0.28\sim-0.09$	$5.61\sim6.79$
91.7	$-0.44\sim0.06$	$-0.35\sim-0.10$	$7.55\sim8.51$
50.9	$-0.06\sim0.33$	$0.11\sim0.39$	$7.43\sim8.79$
37.7	$0.08\sim0.33$	$0.07\sim0.33$	$6.44\sim7.68$
19.7	$-1.13\sim0.24$	$-0.01\sim0.40$	$7.54\sim8.56$

表 2 - 26　　　　　　　　　　2.5m 高的掺气挑坎后台阶坝面水流空化数

单宽流量/[m³/(s·m)]	水流空化数		
	台阶坝面首部	台阶坝面中部	台阶坝面尾部
140.0	0.19	0.12	0.15~0.16
91.7	0.19~0.20	0.12	0.17~0.18
50.9	0.20~0.21	0.13	0.17~0.19
37.7	0.24~0.25	0.14~0.15	0.18~0.19
19.7	0.24~0.29	0.15~0.16	0.20~0.22

表 2 - 27　　　　　　　　　　3.0m 高的掺气挑坎后台阶坝面时均压强

单宽流量/[m³/(s·m)]	时均压强/×9.81kPa		
	台阶坝面首部	台阶坝面中部	台阶坝面尾部
140.0	−0.03~0.13	−0.19~−0.04	5.97~6.73
91.7	−0.95~0.01	−0.49~−0.13	7.25~8.68
50.9	0.06~0.16	−0.12~0.00	6.39~7.02
37.7	0.06~0.17	−0.15~−0.02	7.80~8.57
19.7	0.09~0.17	−0.17~−0.13	8.12~9.06

表 2 - 28　　　　　　　　　　3.0m 高的掺气挑坎后台阶坝面水流空化数

单宽流量/[m³/(s·m)]	水流空化数		
	台阶坝面首部	台阶坝面中部	台阶坝面尾部
140.0	0.19	0.12	0.15~0.16
91.7	0.18~0.20	0.12	0.17~0.18
50.9	0.20	0.13	0.16~0.17
37.7	0.24~0.25	0.14	0.19~0.20
19.7	0.29	0.15~0.16	0.21~0.22

在宽尾墩出口处增加不同体型的掺气挑坎后水流空化噪声的变化特征为：①当宽尾墩出口处增设三角形掺气挑坎后，在单宽流量为 19.7m³/(s·m) 时，1 号水听器即已位于掺气空腔内，显然此处无空蚀风险，为此，此处主要分析了 2 号水听器和 3 号水听器附近的台阶坝面中部及尾部的空化噪声频谱曲线和能量过程线（图 2 - 61）；②当宽尾墩出口处改设高 1.5m 的掺气挑坎后，在单宽流量为 19.7m³/(s·m) 时，1 号水听器亦处于掺气空腔内，实测 2 号水听器和 3 号水听器附近的台阶坝面中部及尾部的空化噪声频谱曲线和能量过程线如图 2 - 62 所示。从噪声信号分析结果可以看出，增加不同体型的掺气挑坎后台阶坝面的空化强度与不设掺气挑坎相比有明显减弱，但仍然存在空化水流。

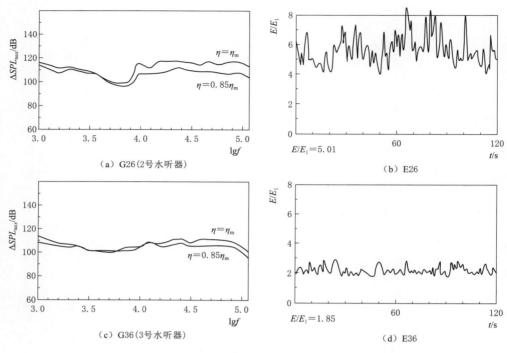

（a）G26（2号水听器）　　　　　　（b）E26

（c）G36（3号水听器）　　　　　　（d）E36

图 2-61　台阶坝面空化噪声频谱曲线和能量过程线

[三角形掺气挑坎，单宽流量为 19.7m³/(s·m)]

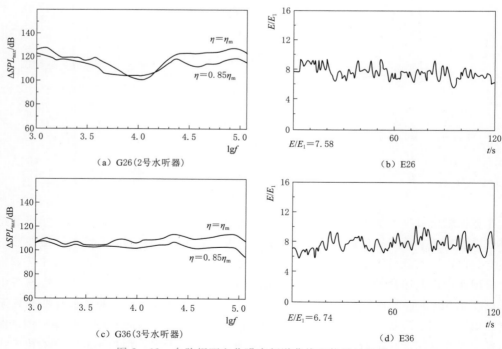

（a）G26（2号水听器）　　　　　　（b）E26

（c）G36（3号水听器）　　　　　　（d）E36

图 2-62　台阶坝面空化噪声频谱曲线和能量过程线

[掺气挑坎高 1.5m，单宽流量为 19.7m³/(s·m)]

当宽尾墩出口处的掺气挑坎加高至 2.5m 后，在单宽流量分别为 $140.0\mathrm{m}^3/(\mathrm{s} \cdot \mathrm{m})$、$91.7\mathrm{m}^3/(\mathrm{s} \cdot \mathrm{m})$ 和 $19.7\mathrm{m}^3/(\mathrm{s} \cdot \mathrm{m})$ 时，实测 2 号水听器和 3 号水听器所反映的台阶坝面中部及尾部空化噪声频谱曲线和能量过程线如图 2－63～图 2－65 所示。此外，在单宽流量为 $19.7\mathrm{m}^3/(\mathrm{s} \cdot \mathrm{m})$ 时，对台阶坝面中部、尾部两个位置处的相对噪声能量 E/E_1 及背景真空度的关系进行了分析，其台阶坝面空化特性曲线如图 2－66 所示。测试结果表明，当掺气挑坎高度增至 2.5m 时，台阶坝面中部附近的水流空化现象基本得到了抑制，相比较而言，台阶坝面尾部仍存在明显的水流空化噪声特征。

进一步地，当把宽尾墩出口处的掺气挑坎加高至 3.0m 后，在单宽流量分别为 $91.7\mathrm{m}^3/(\mathrm{s} \cdot \mathrm{m})$ 和 $19.7\mathrm{m}^3/(\mathrm{s} \cdot \mathrm{m})$ 时，实测 2 号水听器和 3 号水听器所反映的台阶坝面中部及尾部空化噪声频谱曲线和能量过程线如图 2－67、图 2－68 所示。在单宽流量为 $19.7\mathrm{m}^3/(\mathrm{s} \cdot \mathrm{m})$ 时，台阶坝面中部、尾部两个位置处的相对噪声能量 E/E_1 及背景真空度的关系进行了分析，其台阶坝面空化特性如图 2－69 所示。掺气挑坎加高至 3.0m 后的测试结果与挑坎 2.5m 时进行比较可知，台阶坝面尾部的水流空化明显减弱，基本处于初生空化状态。

从水流空化噪声特征数据分析四种不同掺气挑坎体型对水流空化的抑制效果。不失一般性，以台阶高度 1.2m、单宽流量为 $19.7\mathrm{m}^3/(\mathrm{s} \cdot \mathrm{m})$ 为例进行说明。在下泄单宽流量 $19.7\mathrm{m}^3/(\mathrm{s} \cdot \mathrm{m})$ 的条件下，针对四种典型掺气挑坎体型下台阶溢流面上的水流空化噪声特征数据进行分析总结并汇总，不同挑坎 $\Delta SPL_{\max}$ 和 E/E_1 过程曲线比较见表 2－29，2.5m 高和 3.0m 高的挑坎空化特征值比较见表 2－30。

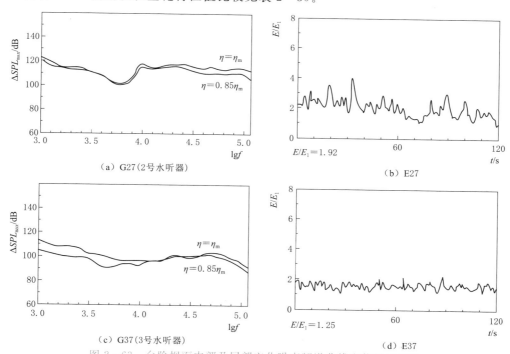

图 2－63　台阶坝面中部及尾部空化噪声频谱曲线和能量过程线

［掺气挑坎高 2.5m，单宽流量为 $140.0\mathrm{m}^3/(\mathrm{s} \cdot \mathrm{m})$］

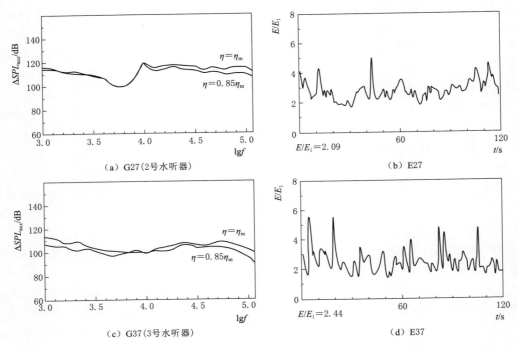

(a) G27(2号水听器)　　　　　　(b) E27

(c) G37(3号水听器)　　　　　　(d) E37

图 2-64　台阶坝面中部及尾部空化噪声频谱曲线和能量过程线

[掺气挑坎高 2.5m，单宽流量为 91.7m³/(s·m)]

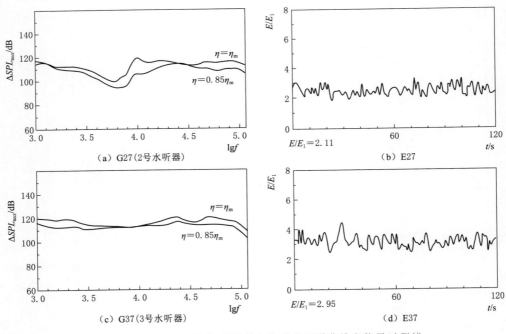

(a) G27(2号水听器)　　　　　　(b) E27

(c) G37(3号水听器)　　　　　　(d) E37

图 2-65　台阶坝面中部及尾部空化噪声频谱曲线和能量过程线

[掺气挑坎高 2.5m，单宽流量为 19.7m³/(s·m)]

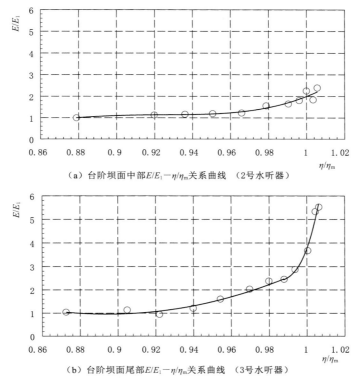

（a）台阶坝面中部$E/E_1-\eta/\eta_m$关系曲线　（2号水听器）

（b）台阶坝面尾部$E/E_1-\eta/\eta_m$关系曲线　（3号水听器）

图 2-66　台阶坝面空化特性曲线（掺气挑坎高 2.5m）

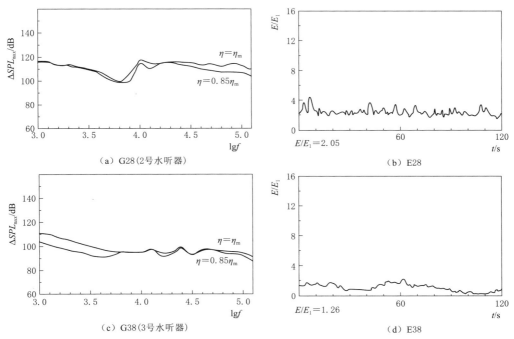

（a）G28（2号水听器）

（b）E28

（c）G38（3号水听器）

（d）E38

图 2-67　台阶坝面中部及尾部空化噪声频谱曲线和能量过程线

［掺气挑坎高 3.0m，单宽流量为 19.7m³/（s·m）］

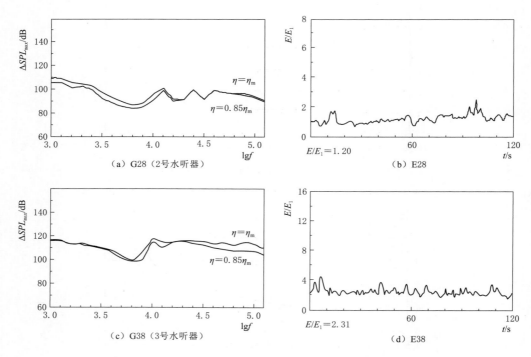

图 2-68　台阶坝面中部及尾部空化噪声频谱曲线和能量过程线

[掺气挑坎高 3.0m，单宽流量为 91.7m³/(s・m)]

表 2-29　　不同挑坎 ΔSPL_{max} 和 E/E_1 过程曲线比较表 [单宽流量为 19.7m³/(s・m)]

挑坎类型	ΔSPL_{max}/dB		E/E_1	
	2 号水听器	3 号水听器	2 号水听器	3 号水听器
三角形	10	6	5	2
高 1.5m	11	13	8	7
高 2.5m	5～7	4～8	2	1～3
高 3.0m	1～7	3～8	1～2	1～2.5

表 2-30　　2.5m 高和 3.0m 高的挑坎空化特征值比较表 [单宽流量为 19.7m³/(s・m)]

挑坎类型	η/η_m（初生空化时）		E/E_1（$\eta=\eta_m$ 时）	
	2 号水听器	3 号水听器	2 号水听器	3 号水听器
高 2.5m	1.000	0.972	2	4
高 3.0m	0.994	1.001	2	2

　　显然，在宽尾墩出口处设置掺气挑坎后，在台阶坝面首部附近水流挑离坝面形成了一定长度的掺气空腔，掺气空腔段的下泄水流底缘脱离了台阶坝面，不存在空化空蚀问题。1 号水听器位于此区域附近，因此在进行水流空化特性分析时即不再对其进行分析。相比较而言，在台阶坝面中部、尾部的 2 号和 3 号水听器附近，对于不同体型的掺气挑坎和不

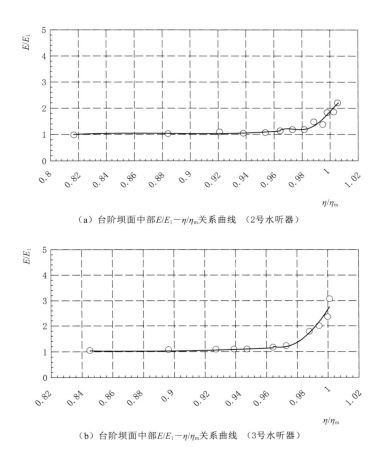

（a）台阶坝面中部E/E_1－η/η_m关系曲线 （2号水听器）

（b）台阶坝面中部E/E_1－η/η_m关系曲线 （3号水听器）

图 2-69 台阶坝面空化特性曲线（掺气挑坎高 3.0m）

同泄流条件，空化特性有所不同。由表 2-29 和表 2-30 可以看出，在单宽流量为 19.7m³/（s·m）时，对于三角形掺气挑坎和高 1.5m 的掺气挑坎，台阶坝面上水流空化噪声高频段的最大声压级增量范围为 6~13dB，能量过程线上最大相对噪声能量 E/E_1 范围为 2~8，表明台阶坝面仍然存在水流空化问题。对于高 2.5m 的掺气挑坎，从噪声能量过程线可知其基本消除了台阶坝面中部的空化水流。掺气挑坎高增加至 3.0m 时，台阶坝面的噪声能量过程线变化比较平缓，相似真空状态下的能量比 E/E_1 接近 2，水流仅处于初生空化状态。

通过以上比较分析可知，在宽尾墩出口处增设掺气挑坎有利于改善台阶坝面的水流空化特性。相比较而言，三角形掺气挑坎和高 1.5m 的掺气挑坎尚不能完全抑制台阶坝面区空化水流的形成；当增设高 2.5m 的掺气挑坎后，虽然台阶坝面的抗空化性能得到了显著改善，但其下游部位仍存在空化水流，具有产生空蚀的可能；当掺气挑坎高度增至 3.0m 后，相似真空度时的相对噪声能量亦下降至了 2 左右，台阶坝面区仅末端水流处于初生空化状态，基本不会发生空蚀破坏。

2.7　消能工设计原则

前文从水流流态、流速特征、动水压强、掺气特征、水流空化特性等多方面对宽尾墩-台阶面-跌坎型戽池组合式消能工的水力特性进行了全面的分析介绍。结合组合式消能工的设计初衷及其水力特性，提出了宽尾墩-台阶面-跌坎型戽池组合式消能工的设计原则及参数确定方法。

（1）宽尾墩-台阶面-跌坎型戽池组合式消能工由宽尾墩、台阶坝面及跌坎型戽池组成，不同结构的作用各不相同。宽尾墩主要是根据来流量的大小将水体形成不同的水舌形状，以利于充分发挥现状条件实现分散消能。以 X 型宽尾墩为例，当下泄流量较小时，泄流水体携带的机械能相对较小，此时仅依赖台阶坝面即可完成消能任务，为此在进行宽尾墩-台阶面-跌坎型戽池组合式消能工体型设计时将该部分下泄流量对应宽尾墩区域的底宽段过流，以充分发挥台阶式溢流坝面的消能作用。随着下泄流量的增大，泄流水体携带的能量也随之增大，此时单靠台阶坝面已不能有效消耗泄流水体携带的能量，应借助宽尾墩将泄流水舌纵向拉伸开来，增强水舌空中扩散卷气作用，损耗部分能量，并促使下游反弧段及戽池中形成稳定的三元水跃，加剧水体紊动、剪切及水气掺混，从而提高单位水体的消能率。在该阶段主要对应的是中部束窄段过流，此时不但要关注泄流能力，而且要关心消能效果，即在保证下游泄水建筑物安全的条件下实现泄洪水体的安全下泄。当水流继续增大，则需要宽尾墩的顶部复宽段进行过流，此时应更多地关注泄水建筑物的过流能力，优先保证泄水建筑物可以安全地下泄多余的洪水。在此基础上，尽量提高泄水建筑物的消能率，即：一方面通过宽尾墩将泄流水舌改变成工字型水舌，顶部和底部水流呈横向扩散状，中部水流呈纵向扩散状，挑流水舌在下游反弧段及戽池中形成典型的三维水跃以消杀能量；另一方面，通过合理的设计将水舌挑射进入戽池中以充分发挥戽池水体的消能作用。台阶坝面的主要作用是消杀近底水流的能量，降低近底水流流速，保护泄水建筑物的安全。跌坎型戽池的主要作用是为经宽尾墩挑射的水流提供消能水垫并使泄流归槽。在不同工程中，由于大坝结构型式、泄洪任务、场地条件等各不相同，在进行宽尾墩-台阶面-跌坎型戽池组合式消能工体型设计及布置时，可根据实际情况适当调整各结构单体的型式。

（2）宽尾墩尾部设置掺气挑坎或掺气跌坎，以便在下游台阶坝面区形成一定长度的稳定掺气底空腔，促使台阶溢流坝面形成掺气水流，从而在一定程度上改善台阶坝面区的水流掺气状况和结构自身的抗空化性能，降低空蚀风险。

（3）为保证泄水建筑物在大流量泄洪时不致发生严重破坏，消能工的体型参数与相关水力学特征参数之间应满足下式

$$l \tan\alpha + \frac{l^2}{4\Delta_1 \cos^2\alpha} \leqslant \Delta_2 \qquad (2-12)$$

式中：Δ_1 为库区水位与 X 型宽尾墩上宽段底部的高差；Δ_2 为宽尾墩上宽段底部与戽池尾坎顶部高差；l 为宽尾墩尾部与跌坎型戽池首部的桩号差；α 为顶部复宽段纵向坡度角。

（4）为保证台阶坝面在小流量泄流时的消能效果及结构自身的安全，X 型宽尾墩下宽

段的单宽过流量宜小于台阶坝面形成滑移流的临界流量，泄流水深应小于形成滑移流的临界水深。

（5）对于入池水流流速超过 30m/s 的组合式消能工，可以在下游戽池或消力池首部设置一定高度的跌坎以有效降低戽池底板的脉动压强和临底流速，且随着跌坎高度的增加，脉动压强和临底流速的减小幅度呈增大趋势。根据相关工程经验，底板脉动压强宜控制在 40kPa 以内，临底流速宜低于 15m/s。

第3章
环境友好型旋流竖井内消能技术

环境友好型旋流竖井内消能技术是一种新型的消能技术，其充分利用水库中的开敞地形，通过在新型环形堰进口外缘轴对称的布置若干个一定高度的起旋墩（或潜水起旋墩），引导水流在竖井内形成带有空腔掺气的螺旋状的旋转流动。进一步地，利用旋转水流的离心力消减壁面负压，改善竖井壁面上的压力分布，再结合平洞内高效自掺气消能工消能，提高泄洪洞的总消能率。相比一般蜗壳型、螺旋型涡室，新体型进水口结构简单，也避免了高次曲线的复杂结构设计和适应大型化的问题。该新型旋流环形堰体型改变了传统溢洪道防漩、消涡的观念，变涡害为涡利，是一种典型的低环境影响的洞内新型旋流消能工。

3.1 结构组成

3.1.1 主要结构

环境友好型旋流竖井内消能工主要由进口起旋墩、旋流环形堰、竖井和洞内压力消能工组成，新型旋流竖井布置如图 3-1 所示。在环形堰外缘轴对称布置的起旋墩，可使得溢流堰和竖井产生带有空腔的旋转流运动，利用离心力消减负压防止竖井空蚀并利用自动掺气防止洞内消力墩空蚀以提高消能率。环境友好型旋流竖井内消能工的竖井直径较同类型的常规竖井泄洪洞的直径略小，且不需要附加单独的掺气设施，施工简单、经济。

3.1.2 起旋墩结构及布置方式

由于环形堰无闸门控制，洪水位超过堰顶即自行溢流。为了在低水位能产生旋转流，起旋墩必须与喇叭口外缘的切线成小角度（≤15°）连接。起旋墩数越多、连接角越小，水流的旋转力度越大，更易消除竖井的负压，但泄流能力会随之降低；反之，墩数越少、夹角越大，泄量越大，但旋转力度小，且可能出现由于墩体基础太长而受地形条件限制不易修建的情形。因此，起旋墩的数量不能太少，也不宜过多，一般起旋墩的数量取 6~8个较适宜。对于同等数量的起旋墩，要想在小水深下也能产生较好的旋流效果，其连接角必须小，但连接角度过小可能导致不满足最大设计流量的要求。为了解决这个矛盾，提出了潜水起旋墩概念，其既能在堰顶低水位时产生有效的旋转流，又能在高水位时形成强力的旋转流并增大泄流能力，旋流环形堰竖井基本结构如图 3-2 所示。在低水位运行时，其墩体自然伸出水面，水流在墩体的导流作用下形成旋流；在高水位运行时，墩体淹没在水面之下，水体在下部水流的拖曳下亦可形成旋流，同时也保证了竖井的泄流能力。

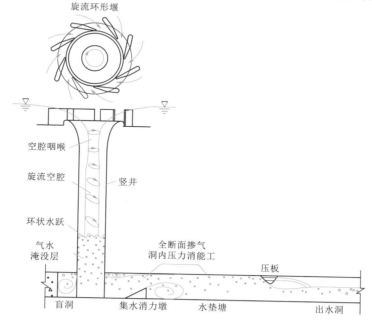

图 3-1 新型旋流竖井布置

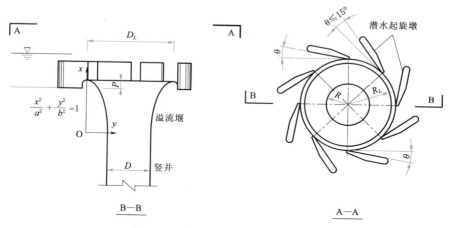

图 3-2 旋流环形堰竖井基本结构

　　潜水起旋墩的布置是在墩体数目确定后进行的，具体为：根据所选起旋墩的数量在环形堰外沿圆周上取相应数目的等分点，等分点对应的圆心角相等。将起旋墩的小尖头置于环形堰外沿圆周上各等分点处，起旋墩内侧长边线沿与环形堰外圆切线成 θ 夹角的直线方向布置。夹角 θ 一般以小于 15° 为宜，这样可以使环形堰和竖井产生有效的旋转流运动，消减溢流壁面的负压，防止发生空蚀。若布置 8 个起旋墩，则从环形堰轴心向外引 8 条夹角为 45° 的放射线与堰的外圆相交，起旋墩同环形堰各交点的切线成 $\theta \leqslant 15$° 连接；若布置

6 个起旋墩，则从环形堰轴心向外引 6 条夹角为 60°的放射线，其他布置与 8 个起旋墩子的情况相同。

3.1.3　环形堰布置原则

选择环形堰位置时应注意，若环形堰背后平面开挖的弧形山坡同竖井轴线大致对称，则第一个起旋墩与环形堰布置的切点和入流方向可任意选择，其他起旋墩依次按规定的角度和方位施工。起旋墩的大墩头与边坡开挖线间距 L 最佳值为 $L = H$（H 为堰上水头），旋流环形堰进口连接竖井体型如图 3-3 所示，这样做既能增加低水头时的旋流效果，又能获得较大的泄流能力。间距太小影响环形堰流态并降低泄流能力，间距太大不仅开挖量大，同时也会使泄流能力略有降低。

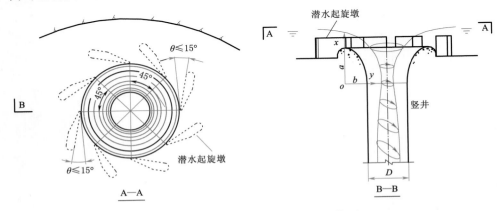

图 3-3　旋流环形堰进口连接竖井体型

若要减少环形堰背面边坡的开挖量，需选择靠近山坡的平坦地带布置。这样可利用山坡开挖线有利的条件诱导水流进入起旋墩流道，使环形堰产生旋转流运动。例如开挖线与竖井轴线不对称（一边长一边短）时，则起旋墩应本着入流方向同长的边坡线走向一致的原则布置。

旋流环形堰利用起旋墩使入堰水流产生旋流，水流绕环形堰和竖井轴产生稳定的带空腔的螺旋流运动。螺旋水流紧贴竖井壁，在环形堰和竖井中心形成一条上下贯通的稳定气核。此气核与大气相接通，起到通气平压的功能，所以旋流环形堰不需要另设掺气挑坎及其配套的通气管路系统。竖井中螺旋流的离心力能消减堰井壁面的负压，同时洞内利用来自竖井的掺气水流供给埋有掺气管的消力墩也可以避免消力墩空蚀并提高消能率，变涡害为涡利。竖井直径同传统泄洪洞设掺气挑坎的竖井直径略小一些，并且不用另设掺气装置和消力井（坑），工程量小，投资省，结构简单，施工方便。因此，只要潜水起旋墩的数量和墩高及其与环形堰的连接角度设计合理，旋流环形堰和竖井直径计算正确，就能满足最大泄流量的要求，在任何洪水工况下竖井都不会发生壅水、反向气爆、空蚀和振动现象。特别是由于洞内消能率高，流速低，大大减轻出口冲刷和雾化现象，保护生态植被。

前已述及，环形溢流堰堰上通常不设置闸门，堰顶高程即正常蓄水位（堰上水头 H

一般控制在 $H \leqslant 5m$），因此水位一超过堰顶就发生溢流。

3.1.4 集水消力墩和顶压板

    泄洪洞为了在低水位工况时的竖井下部形成水垫层，保护井底不被水流冲蚀；在高水位工况时能够提升竖井段的水深，形成理想的环状水跃消能，在靠近竖井的水平段泄洪洞内，需沿横断面设置集水消力墩。集水消力墩的布置方式和位置可参考图3-1。在集水消力墩的下游设置顶压板，在集水消力墩和顶压板之间进一步形成水垫塘。水体经过竖井段的水气掺混后，在竖井的掺气水垫层消能，进而从集水消力墩顶部高速射入下游水垫塘内，再次进行扩散旋滚消能，提高消能率。同时，由于空气密度由于远小于水的密度，旋流泄洪洞掺气消能的过程中可以释放大量气体聚集在泄洪洞的顶部。因此，通过在顶压板中部开孔，使得聚集在泄洪洞顶部的部分空气从通气孔中流出，可起到消除顶压板背面负压涡、稳定洞内流态和避免另外设置通气孔等多种作用。

    在顶压板的设置上，为了增加通气管的流量，顶压板的通气管进口尺寸需要略大一些，三角形压板的迎水面坡与水平夹角可设置为45°，背水坡与水平夹角应大于60°。在顶压板的高度方面，以高度8m的城门洞型泄洪洞断面为例，顶压板下角距洞底可设置为5.4m，顶压板高度可设置为2.6m，如图3-4所示。模型试验表明，在上述设置方法下，集水消力墩和顶压板间的水垫塘具有良好的消能效果，顶压板也可以保持较好的通气量，水流脱离压板顶角在下游洞内形成比较平稳的明流流态。

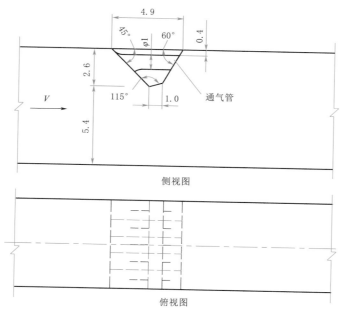

图3-4　顶压板布置（单位：m）

3.1.5 典型案例

    安徽桐城抽水蓄能电站下水库采用了环境友好型旋流竖井内消能工，现以该工程为例对环境友好型旋流竖井内消能工的水力特性进行说明。

安徽桐城抽水蓄能电站下水库正常蓄水位为 180.70m，死水位为 155.00m，200 年一遇洪水（设计洪水）水位为 182.77m，2000 年一遇洪水（校核洪水）水位为 184.24m，5000 年一遇洪水（超标洪水）水位为 184.76m。不同工况下旋流竖井内消能工下泄流量与水位关系见表 3 - 1。

表 3 - 1　　　　　　　旋流竖井内消能工下泄流量与水位关系

工　　况	名　　称	旋流竖井内消能工
洪水频率（5 年一遇）	水库水位/m	180.89
	下泄流量/(m³/s)	8.22
	相应下游水位/m	114.68
洪水频率（20 年一遇）	水库水位/m	181.19
	下泄流量/(m³/s)	36.56
	相应下游水位/m	115.9
消能防冲设计（100 年一遇）	水库水位/m	182.37
	下泄流量/(m³/s)	193.07
	相应下游水位/m	116.36
设计洪水情况（200 年一遇）	水库水位/m	182.77
	下泄流量/(m³/s)	248.39
	相应下游水位/m	116.52
校核洪水情况（2000 年一遇）	水库水位/m	184.24
	下泄流量/(m³/s)	433.11
	相应下游水位/m	117.13
超泄洪水情况（5000 年一遇）	水库水位/m	184.76
	下泄流量/(m³/s)	503.36
	相应下游水位/m	117.29

环境友好型旋流竖井内消能工研究时采用了物理模型试验和数值模拟相结合的研究手段。物理模型试验按照重力相似准则设计，几何比尺为 1∶30，旋流竖井内消能工物理模型平面布置如图 3 - 5（a）所示，其他物理量根据重力相似准则可推导得出。物理模型共布置时均压强测量断面 21 个（S1～S21），其中竖井段的测量断面 S1～S7 每个断面分别设置 4 个测点；脉动压强测量断面布置 12 个，分别为 M1～M10 和 M13～M14，其中，M1～M10 设置在竖井底部和集水消力墩附近，M13、M14 设置于旋流竖井内消能工消力池的中部，旋流竖井内消能工物理模型剖面及测量断面布置如图 3 - 5（b）所示。

数值模拟采用专用流体模拟软件开展，计算区域包括开敞式进水口、潜水起旋墩、竖井、洞内压力消能工，数值模拟三维体型如图 3 - 6 所示。对靠近起旋墩区域的网格进行适当加密，开敞式进水口处网格划分如图 3 - 7 所示。自调节潜水起旋墩为进水口的核心装置，起旋墩结构简单、尺寸小，该区域是旋转流产生处。由于起旋墩与环形堰外缘切线成 10°连接，该衔接处往往会产生质量较差的网格，如何将该段体型划分网格，是实现数

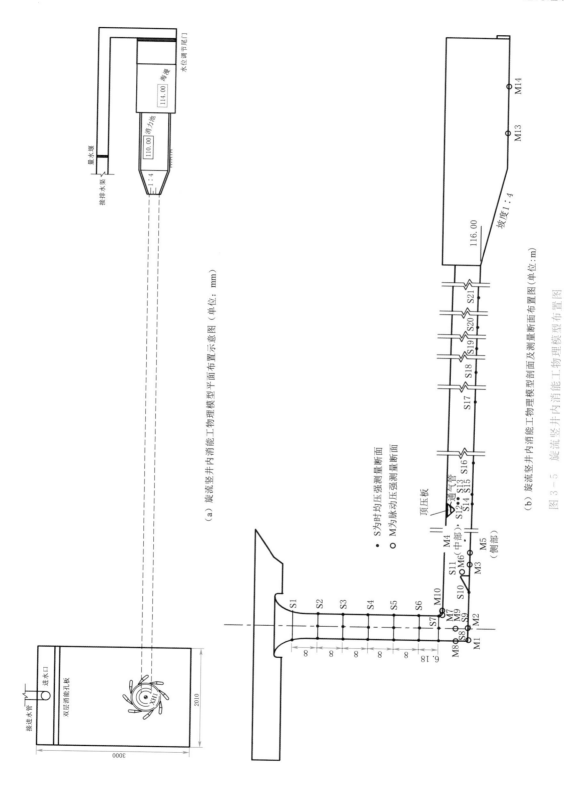

（a）旋流竖井内消能工物理模型平面布置示意图（单位：mm）

（b）旋流竖井内消能工物理模型剖面及测量断面布置图（单位：m）

图 3-5 旋流竖井内消能工物理模型布置图

• S为时均压强测量断面

○ M为脉动压强测量断面

值计算的重点。通过网格反复比较、调试，确定采用适应性较强的非结构网格实现数值模拟计算，潜水起旋墩细部网格划分如图 3-8 所示。

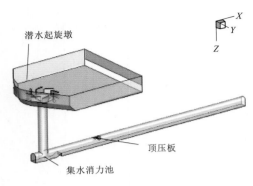

图 3-6　数值模拟三维体型

对于进水洞的体型而言，基本体型虽然为简单城门洞管状，但其网格划分方式在整个计算过程中尤为重要。因为进水洞内包含辅助消能工，其内部流场也比较复杂。初步分析可知，水流从集水消力墩顶部高速射入下游，释放大量气体聚集在洞顶处，部分气体从下游顶压板通气孔流出，之后洞内形成平稳的明流。

由于在沿程水流流层之间有较大的梯度变化，同时也存在水气交界面，划分网格时需要通过控制网格的密度来达到模拟的效果。集水消力墩和倒三角顶压板处的网格划分如图3-9所示。

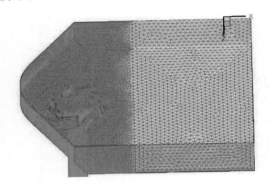

图 3-7　开敞式进水口处网格划分图

图 3-8　潜水起旋墩细部网格划分图

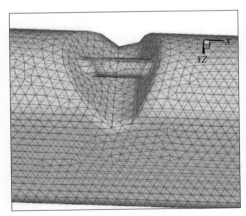

（a）集水消力墩处

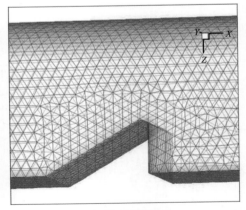

（b）倒三角顶压板处

图 3-9　集水消力墩和倒三角顶压板处网格划分图

综合分析可知，对于靠近边壁处和水气交界面处的计算区域划分的网格需要足够密，以便于更加准确地捕捉自由水面，更好地模拟整体水流的流动状况。通过适当地加密网格，进行多次试算，反复比较试算结果，最终明确了整体的网格分布，并且选择了适合的密度进行数值模拟。

结合工程实际充分考虑设置时间、计算成本、数值耗散及网格生成速度、网格适量等问题后，选取的网格节点适中，整体计算区域采用非结构型网格进行划分，主要是以四面体网格形式为主，在适当的位置也使用六面体、锥形和楔形网格。总共剖分网格单元数为675338个，最终划分的计算区域网格及边界条件示意如图3-10所示。

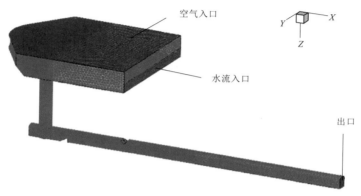

图 3-10 计算区域网格及边界条件示意图

3.2 水流流态

3.2.1 流态随泄流量的变化

显然，环境友好型旋流竖井内消能工的流态与下泄流量（或堰上水头）密切相关。下泄流量为 8.22m³/s（堰上水头为 0.29m）时各部位流态如图 3-11 所示，此时旋流竖井内消能工的下泄流量小，无明显的不利流态出现。

下泄流量增至 36.56m³/s（堰上水头为 0.49m）时各部位流态如图 3-12 所示，从图中可以看到此时竖井底部水体产生了大量的掺气，整体水流流态平稳，没有出现明显的不利流态现象。

下泄流量增至 193.07m³/s（堰上水头为 1.67m）时各部位流态如图 3-13 所示，从图中可以看到此时竖井底部水体掺气剧烈，不过整体流态平稳；消力池内水体呈波动状，但波动程度较小，表明消能效果良好，无明显的不利流态出现。

下泄流量增至 248.39m³/s（堰上水头为 2.07m）时各部位流态如图 3-14 所示，从图中可以看到此时旋流竖井内消能工进口虽然流量较低，但仍有一定的起旋效果；竖井内水体贴壁流动，水体掺气剧烈，不过整体流态依然平稳；消力池内过坎水体波动较小，消能效果良好。

（a）旋流竖井内消能工进口流态

（b）旋流竖井内消能工竖井和平洞段流态

（c）消力池流态

图 3-11　下泄流量为 8.22m³/s 时各部位流态

（a）旋流竖井内消能工进口流态

图 3-12（一）　下泄流量为 36.56m³/s 时各部位流态

（b）旋流竖井内消能工竖井和平洞段流态

（c）消力池流态

图 3－12（二）　下泄流量为 36.56m³/s 时各部位流态

（a）旋流竖井内消能工进口流态

（b）旋流竖井内消能工竖井和平洞段流态

图 3－13（一）　下泄流量为 193.07m³/s 时各部位流态

（c）消力池流态

图 3-13（二）　下泄流量为 193.07m³/s 时各部位流态

（a）旋流竖井内消能工进口流态

（b）旋流竖井内消能工竖井和平洞段流态

（c）消力池流态

图 3-14　下泄流量为 248.39m³/s 时各部位流态

　　下泄流量增至 433.11m³/s（堰上水头为 3.54m）时各部位流态如图 3 - 15 所示，从图中可以看到随着下泄流量的增大，旋流竖井内消能工进口水体旋转强度很大，竖井中形成强烈的空腔旋转流动；受此影响，竖井中的水体呈强烈掺气状态。不过内消能工的整体流态相对平稳，消力池内过坎水体的波动依然较小，表明消能工的消能效果良好。此外，在试验中亦无观测到不利流态的出现。

（a）旋流竖井内消能工进口流态

（b）旋流竖井内消能工竖井和平洞段流态

（c）消力池流态

图 3 - 15　下泄流量为 433.11m³/s 时各部位流态

　　下泄流量继续增至 503.36m³/s（堰上水头为 4.06m）时各部位流态如图 3 - 16 所示，从图中可以看到随着下泄流量的继续增大，进口水体旋转进一步增强，竖井中的水体强烈掺气。

（a）旋流竖井内消能工进口流态

（b）旋流竖井内消能工竖井和平洞段流态

（c）消力池流态

图 3-16　下泄流量为 $503.36\,\mathrm{m^3/s}$ 时各部位流态

　　总的来说，当下泄流量较小时，下泄水流的旋转强度不大，水流沿着竖井边壁贴壁下流，显然竖井内的流态未呈现出典型的旋流竖井流态；随着下泄流量的增大，下泄水流的旋转强度随之增大，竖井内的典型旋流特征愈加明显。当下泄流量为 $503.36\,\mathrm{m^3/s}$ 时，环境友好型旋流竖井内消能工中的流态已经反映了该消能工的典型流态特征，即：在进口起旋墩的导流作用下，下泄水流在竖井段呈现典型的旋流特征，水流在下泄过程中卷吸了大量的气泡，使得井底水体呈现出强烈的水气混掺状态，消能效果良好。水体自竖井出流后沿横向退水管道出流，在此过程中混掺气体逐步漂浮释放。当水流流至出口消力池时，水体携带的余能已相对有限，经过消力池的消能作用后即可排放到下游河道中。

3.2.2 大泄流条件下的流态特征

环境友好型旋流竖井内消能工的水流流态与流量存在一定相关：当流量达到 503.36m³/s 时，消能工的流态即可表现出环境友好型旋流内消能工的典型流态。为此，本节以该工况为例，结合物理模型试验成果及数值模拟结果，进一步说明环境友好型旋流竖井内消能工的典型流态特征。

环形堰进口附近典型流态、竖井剖面流态、旋流空腔咽喉流态对比分别如图 3−17～图 3−19 所示。根据图 3−17 的模拟测试结果可见，在潜水起旋墩的导流作用下，水流沿着环形堰的切向逐渐流入竖井中，进而可在竖井中形成典型的旋流流态。图 3−18 是通过竖井圆心切出 4 个面将竖井等分所得，1−1 剖面与进水口来流方向相同，其他依次逆时针旋转 45°。

（a）模型试验　　　　　　　　　　　（b）模拟结果

图 3−17　环形堰进口附近典型流态

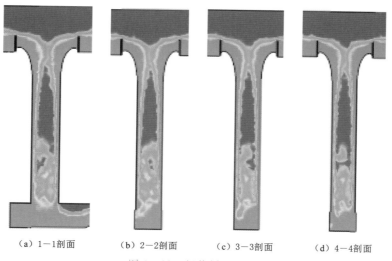

（a）1−1剖面　　　（b）2−2剖面　　　（c）3−3剖面　　　（d）4−4剖面

图 3−18　竖井剖面流态

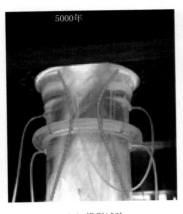 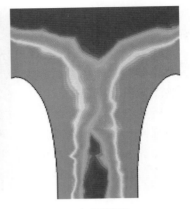

（a）模型试验　　　　　　　　　　　（b）模拟结果

图 3-19　旋流空腔咽喉流态对比

　　由图 3-18 可知，水流经潜水起旋墩后在惯性力的作用下自动调节入流角度加大下泄流量，在底层旋转流的拖曳下同步旋转，并在竖井中形成旋流空腔，且形成的螺旋流从上到下保持贯通，直到出现环状水跃为止，最后进入下部的水气淹没垫层，模拟结果再现了这一流动过程。竖井中水体贴壁流动，未出现脱壁现象，流态较好，且旋流运动是轴对称的，旋流空腔基本位于竖井中心，漩涡不存在偏心。空腔先收缩后扩大，空腔咽喉（最小空腔断面）出现在 136.00m 高程处，图 3-19 的对比清晰地给出了模拟和试验结果，空腔咽喉轮廓与实际观测轮廓非常接近。计算的咽喉直径约大于竖井直径的 1/3，这与模型试验中观测到的咽喉直径一致（$0.4D<d<0.5D$），在下泄流量达到 503.36m³/s 时，竖井仍能保证较好的流态，且未出现"呛水"现象。随着水流进一步旋转下泄，在经过一段距离后，竖井壁面水深分布基本均匀，在竖井的中下部出现环状水跃，环状水跃的高程（气水交界）为 107.00～110.00m，这与模型试验实测高程 110.20m 较接近。

　　顶压板后平洞水面线对比如图 3-20 所示，由图可知，在下泄流量为 503.36m³/s 时，洞顶有较大的余幅，余幅高度超过平洞高度的 20%。水流从上游盲洞到下游顶压板之间为有压流，压板下游自顶压板处充分掺气后，水流脱离顶压板顶角在下游迅速形成明流流态，水深计算值和实测稍有误差，一方面由于水面掺气后波动，实测存在误差，另一方

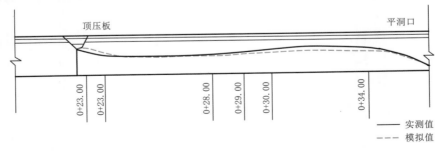

图 3-20　顶压板后平洞水面线对比

面，模拟中掺气量量值很难量化，跟实际未必相符。总体来说，旋流竖井内消能工整体的流态和水面线的趋势跟实际一致性较好，数模计算基本能够反映出新体型水流的运动特性，同时也表明旋流竖井内消能工的流态同传统的泄洪洞差异较大。

3.3 动水压强

在不同下泄流量条件下，环境友好型旋流竖井内消能工的水流流态并不相同，受其影响，动水压强特征也随下泄流量的变化呈现出了不同的特征。下面将分别介绍不同典型下泄流量条件下的动水压强特征。

3.3.1 小下泄流量

当环境友好型旋流竖井内消能工的下泄流量为 $8.22m^3/s$，堰上水头小于 $0.49m$ 时，由于流量很小，除竖井段底部的 M1、M2 测点以及消力池的 M13、M14 测点外，其余脉动压强测点的值甚小，部分测点最小值出现负压。当下泄流量为 $36.56m^3/s$ 时，所有测点负压最小值仅为 $-2.43 \times 9.81kPa$，远未达到汽化压强。下泄流量为 $8.22m^3/s$ 时各测量断面测点时均压强测量值见表 3-2、表 3-3，脉动压强测量值见表 3-4，脉动压强时间过程线如图 3-21 所示。下泄流量为 $36.56m^3/s$ 时各测量断面测点处的时均压强测量值见表 3-5、表 3-6，脉动压强测量值见表 3-7，脉动压强时间过程如图 3-22 所示。

表 3-2　　下泄流量为 $8.22m^3/s$ 时竖井段 S1～S7 测点时均压强测量值

测量断面	时均压强/($\times 9.81kPa$)			
	测点 1	测点 2	测点 3	测点 4
S1	0.3	0.42	0.21	0.33
S2	0.15	0.09	0.12	0.21
S3	0.12	0.09	0.15	0.15
S4	0.09	0.12	0.09	0.27
S5	0.03	0.09	0.12	0.27
S6	-0.06	0.03	0.06	0.06
S7	0.39	0.3	0.24	0.21

表 3-3　　下泄流量为 $8.22m^3/s$ 时平洞段 S8～S21 测点时均压强测量值

测量断面	S8	S9	S10	S11	S12	S13	S14
时均压强/($\times 9.81kPa$)	3.09	3.03	3.24	0	0	0	0.48
测量断面	S15	S16	S17	S18	S19	S20	S21
时均压强/($\times 9.81kPa$)	0.45	0.48	0.48	0.45	0.51	0.48	0.39

表 3-4　　　　　　　　　　下泄流量为 8.22m³/s 时脉动压强测量值

测量断面	脉动压强/(×9.81kPa)			
	最大值	最小值	时均值	标准差
M1	6.15	−0.76	3.17	0.77
M2	4.82	0.64	2.80	0.49
M3	2.20	−1.82	0.24	0.43
M4	2.20	−1.68	0.49	0.39
M5	1.89	−2.17	0.04	0.44
M6	1.54	−1.22	0.26	0.36
M7	1.26	−1.41	0.06	0.27
M8	2.72	−3.23	0.09	0.67
M9	2.33	−2.15	0.25	0.49
M10	2.25	−1.62	0.61	0.41
M13	7.64	4.61	6.28	0.26
M14	7.72	4.60	6.36	0.26

表 3-5　　　　　下泄流量为 36.56m³/s 时竖井段 S1~S7 测点时均压强测量值

测量断面	时均压强/(×9.81kPa)			
	测点 1	测点 2	测点 3	测点 4
S1	0.21	0.3	0.09	0.3
S2	0.18	0	0.12	0.18
S3	0.15	0.09	0.18	0.15
S4	0.03	0.3	0.3	0.33
S5	−0.12	0.24	0.3	0.06
S6	0.03	0.33	0.06	0.06
S7	0.6	0.36	0.06	0.36

表 3-6　　　　下泄流量为 36.56m³/s 时平洞段 S8~S21 测点时均压强测量值

测量断面	S8	S9	S10	S11	S12	S13	S14
时均压强/(×9.81kPa)	3.69	4.35	4.11	0.21	0	0	0.975
测量断面	S15	S16	S17	S18	S19	S20	S21
时均压强/(×9.81kPa)	1.035	1.05	1.05	1.02	1.08	0.93	0.96

表 3-7　　　　　　　　　下泄流量为 36.56m³/s 时脉动压强测量值

测量断面	脉动压强/(×9.81kPa)			
	最大值	最小值	时均值	标准差
M1	9.08	0.23	4.66	1.12
M2	9.79	−2.18	5.17	1.08

续表

测量断面	脉动压强/(×9.81kPa)			
	最大值	最小值	时均值	标准差
M3	3.41	0.99	2.24	0.50
M4	2.20	−0.14	1.05	0.44
M5	1.93	−0.87	0.60	0.54
M6	1.40	−0.75	0.32	0.45
M7	1.12	−1.13	−0.17	0.31
M8	4.09	−1.77	0.55	0.92
M9	9.66	−2.43	1.14	1.07
M10	1.83	−1.25	0.23	0.54
M13	8.30	6.60	7.50	0.31
M14	8.47	6.56	7.61	0.30

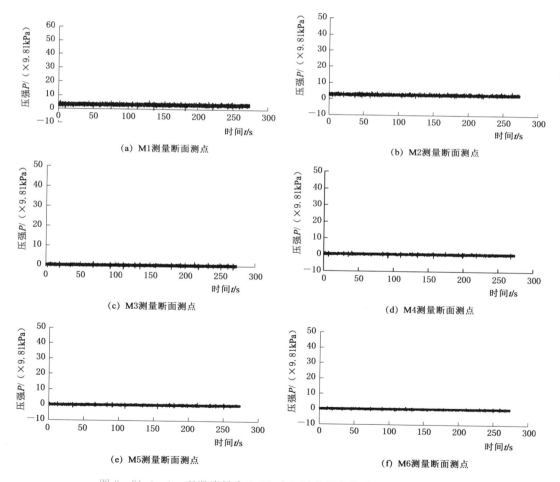

(a) M1测量断面测点   (b) M2测量断面测点

(c) M3测量断面测点   (d) M4测量断面测点

(e) M5测量断面测点   (f) M6测量断面测点

图 3 - 21 (一)   下泄流量为 8.22m³/s 时各测点脉动压强时间过程线

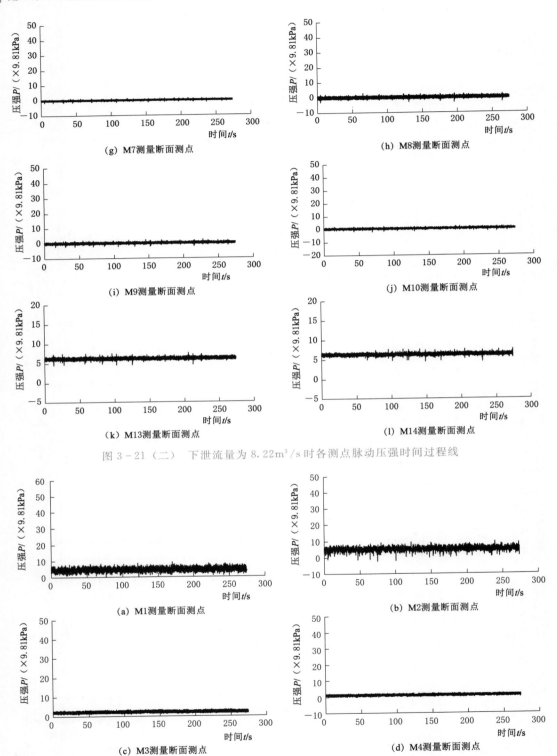

图 3-21（二）　下泄流量为 8.22m³/s 时各测点脉动压强时间过程线

图 3-22（一）　下泄流量为 36.56m³/s 时各测点脉动压强时间过程线

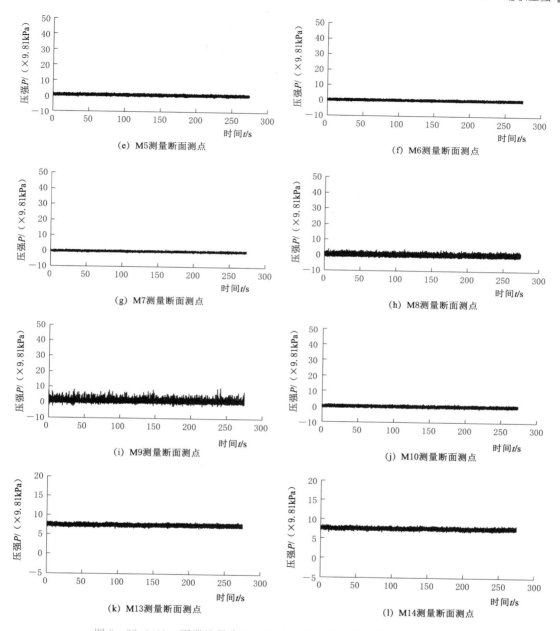

图 3-22（二） 下泄流量为 36.56m³/s 时各测点脉动压强时间过程线

3.3.2 中等下泄流量

下泄流量为 193.07m³/s 时，旋流竖井内消能工的时均压强测量值见表 3-8、表 3-9，脉动压强测量值见表 3-10。脉动压强中 M2 测点的最大压强为 30.61×9.81kPa，最小值达到汽化压强（模型试验实测值为 −0.54×9.81kPa），时均值为 18.01×9.81kPa；M7 测点的最大压强为 19.53×9.81kPa，最小值达到汽化压强（模型试验实测值为 −0.58×

9.81kPa），时均值为 -1.92×9.81kPa；M10 测点的最大压强为 15.97×9.81kPa，最小值为 -8.75×9.81kPa，时均值为 -0.15×9.81kPa。进一步分析 M2 和 M7 测点的脉动压强数据可得：M2 测点 1 万组测量数据中负压值仅有 2 组，其余数据均为正压；M7 测点 1 万组测量数据中负压值达到汽化压强的数据共有 71 组，占总采集数据的 0.71%。泄流量为 193.07m³/s 时各测量断面测点处脉动压强时间过程线、部分测量断面测点处功率谱密度如图 3-23、图 3-24 所示，可见绝大部分测点的主要脉动能量分布在 1Hz 以下，M10 测点的主要脉动能量分布在 3Hz 以下。

表 3-8　　　　　下泄流量为 193.07m³/s 时竖井段 S1～S7 测点时均压强测量值

测点号	时均压强/($\times9.81$kPa)			
	测点 1	测点 2	测点 3	测点 4
S1	0.06	0.06	0.00	0.12
S2	0.36	0.15	0.57	0.45
S3	0.45	0.30	0.45	0.42
S4	0.15	0.48	0.54	0.45
S5	0.00	0.45	0.54	0.30
S6	0.00	0.33	0.03	0.30
S7	2.10	0.96	0.66	0.96

表 3-9　　　　　下泄流量为 193.07m³/s 时平洞段 S8～S21 测点时均压强测量值

测点号	S8	S9	S10	S11	S12	S13	S14
时均压强/($\times9.81$kPa)	20.7	12.75	6.75	1.65	0	0	3.21
测点号	S15	S16	S17	S18	S19	S20	S21
时均压强/($\times9.81$kPa)	3.21	3.3	3.3	3.24	3.3	3.21	3.21

表 3-10　　　　　　　　下泄流量为 193.07m³/s 时脉动压强测量值

测点号	脉动压强/($\times9.81$kPa)			
	最大值	最　小　值	时均值	标准差
M1	36.27	5.92	19.76	3.68
M2	30.61	汽化压强（模型试验实测值为 -0.54）	18.01	3.02
M3	4.78	1.79	3.31	0.42
M4	9.08	2.26	5.21	0.68
M5	7.55	2.32	4.77	0.71
M6	4.94	-2.86	1.67	0.93
M7	19.53	汽化压强（模型试验实测值为 -0.58）	-1.92	3.11
M8	11.80	-2.85	1.41	1.19
M9	29.26	-8.04	1.67	1.75
M10	15.97	-8.75	-0.15	2.73

测点号	脉动压强/(×9.81kPa)			
	最大值	最 小 值	时均值	标准差
M13	8.77	5.88	7.49	0.29
M14	9.58	6.13	8.10	0.31

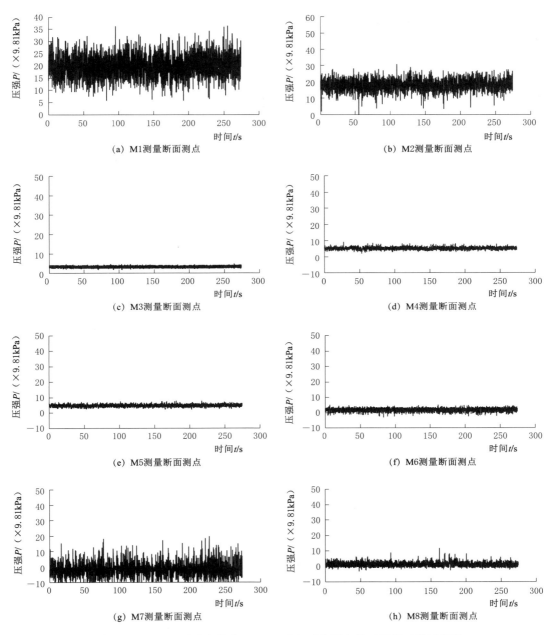

图 3-23 (一)　下泄流量为 193.07m³/s 时各测点脉动压强时间过程线

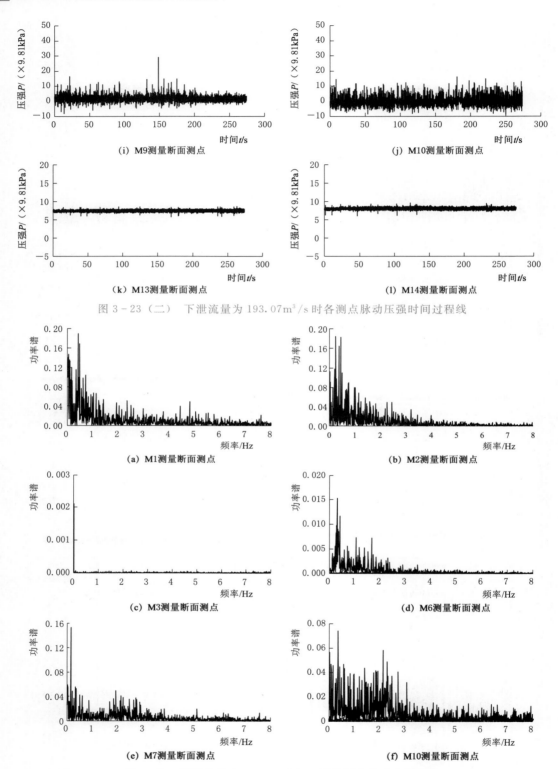

图 3 - 23（二）　下泄流量为 193.07m³/s 时各测点脉动压强时间过程线

图 3 - 24　下泄流量为 193.07m³/s 时部分测点的功率谱密度

M7 和 M10 测点位于泄洪洞竖井段和平洞段的交界处，受水气两相流相变作用的影响形成间歇性脱壁空腔流动，导致脉动压强时均值为负。上述两个测点出现汽化压强是瞬态发生的，且出现概率很小，M7 和 M10 测点位于平洞段的顶部，旋流竖井内消能工泄洪过程中掺气充分，因此上述两个位置出现空蚀的可能性很低。

下泄流量增至 $248.39m^3/s$ 时，旋流竖井内消能工测得的时均压强测量值见表 3-11 和表 3-12，脉动压强测量值见表 3-13。脉动压强中时均值为负的有 M7 和 M10 测点，

表 3-11　　　　下泄流量为 $248.39m^3/s$ 时竖井段 S1～S7 测点时均压强测量值

测点号	时均压强/($\times 9.81$kPa)			
	测点 1	测点 2	测点 3	测点 4
S1	0.15	0.21	0.09	0.48
S2	1.02	0.60	0.93	0.84
S3	0.57	0.57	0.72	0.75
S4	0.30	0.63	0.75	0.87
S5	0.00	0.51	0.75	0.39
S6	0.03	0.45	0.18	0.33
S7	1.95	0.90	0.90	1.20

表 3-12　　　　下泄流量为 $248.39m^3/s$ 时平洞段 S8～S21 测点时均压强测量值

测点号	S8	S9	S10	S11	S12	S13	S14
时均压强/($\times 9.81$kPa)	28.8	16.8	7.5	1.2	0	0	3.9
测点号	S15	S16	S17	S18	S19	S20	S21
时均压强/($\times 9.81$kPa)	3.9	3.9	3.9	3.9	3.96	3.99	3.93

表 3-13　　　　下泄流量为 $248.39m^3/s$ 时脉动压强测量值

测点号	脉动压强/($\times 9.81$kPa)			
	最大值	最 小 值	时均值	标准差
M1	46.56	11.29	28.19	4.04
M2	33.93	10.84	23.10	3.30
M3	4.24	1.16	2.78	0.34
M4	8.54	-0.24	3.87	0.98
M5	8.86	0.32	4.77	1.04
M6	8.15	-7.40	1.14	1.24
M7	29.86	汽化压强（模型试验实测值为-0.70）	-2.29	4.19
M8	10.24	-1.24	1.57	1.18
M9	13.54	-5.65	1.89	1.39
M10	21.18	汽化压强（模型试验实测值为-0.41）	-0.04	3.77
M13	8.87	3.42	7.52	0.35
M14	9.72	7.06	8.46	0.28

其余均为正压，M7 测点的最大压强为 29.86×9.81kPa，最小值达到汽化压强（模型试验实测值为 −0.70×9.81kPa），时均值为 −2.29×9.81kPa；M10 测点的最大压强为 21.18×9.81kPa，最小值达到汽化压强（模型试验实测值为 −0.41×9.81kPa），时均值为 −0.04×9.81kPa。进一步分析 M7 和 M10 测点的脉动压强数据可得：M7 测点 1 万组测量数据中负压值达到汽化压强的数据共有 293 组，占总采集数据的 2.93％，M10 测点负压值达到汽化压强的数据共有 11 组，占总采集数据的 0.11％。M7 测点处的负压值较大，而竖井段下游 M10 测点处的汽化压强的出现概率低，为瞬态发生，且旋流竖井内消能工泄洪过程中会大量掺气，气体聚集在洞顶，上述两个位置出现空蚀的可能性依然很低。下泄流量为 248.39m³/s 时各测量断面测点处脉动压强时间过程线、部分测量断面测点处功率谱密度如图 3-25、图 3-26 所示，绝大部分测点的主要脉动能量分布在 1Hz 以下，M10 测点的主要脉动能量分布在 3Hz 以下。

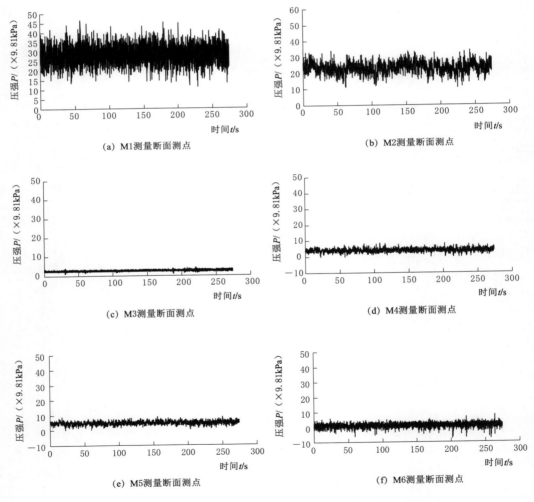

(a) M1测量断面测点

(b) M2测量断面测点

(c) M3测量断面测点

(d) M4测量断面测点

(e) M5测量断面测点

(f) M6测量断面测点

图 3-25（一）　下泄流量为 248.39m³/s 时各测点脉动压强时间过程线

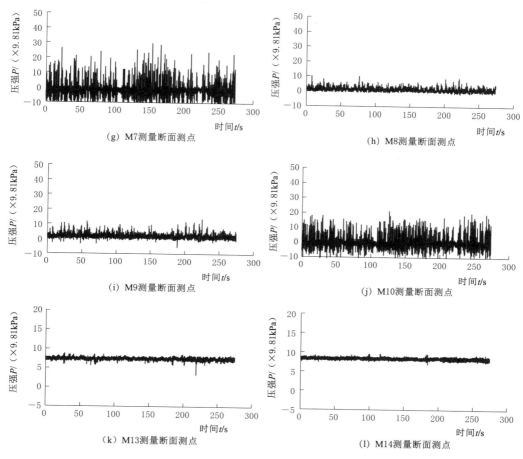

图 3-25（二） 下泄流量为 248.39m³/s 时各测点脉动压强时间过程线

3.3.3 大下泄流量

下泄流量增大至 433.11m³/s 时，旋流竖井内消能工的时均压强值见表 3-14 和表 3-15，脉动压强测量值见表 3-16。脉动压强中时均值均为正压，其中 M6 测点的最大压强为 11.30×9.81kPa，最小值达到汽化压强（模型试验实测值为 -0.51×9.81kPa），时均值为 2.62×9.81kPa；M7 测点的最大压强为 27.76×9.81kPa，最小值达到汽化压强（模型试验实测值为 -0.70×9.81kPa），时均值为 2.01×9.81kPa；M10 测点的最大压强为 22.35×9.81kPa，最小值达到汽化压强（模型试验实测值为 -0.62×9.81kPa），时均值为 2.51×9.81kPa。进一步分析 M6、M7 和 M10 测点的脉动压强过程线可得：M6 测点 1 万组测量数据中负压值达到汽化压强的数据仅有 5 组，占总采集数据的 0.05%；M7 测点 1 万组测量数据中负压值达到汽化压强的数据共有 119 组，占总采集数据的 1.19%；M10 测点负压值达到汽化压强的数据共有 13 组，占总采集数据的 0.13%。流量增大后，集水消力墩的阻力增大，旋流竖井内消能工各测点的压力均有增加，M6、M7 和 M10 测点汽

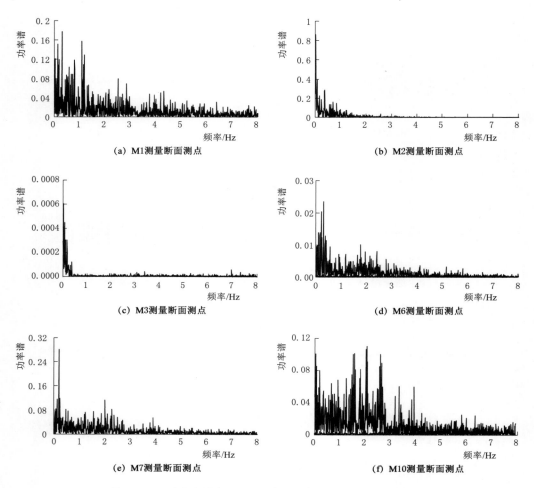

图 3-26　下泄流量为 248.39m³/s 时部分测点的功率谱密度

化压强出现的频率分别为 0.05%、1.19% 和 0.13%，总体上看该处汽化压强依然为瞬态出现。下泄流量为 433.11m³/s 时各测量断面测点处脉动压强时间过程线、部分测量断面测点处功率谱密度如图 3-27 和图 3-28 所示，主要脉动能量均分布在 3Hz 以下。

表 3-14　　　下泄流量为 433.11m³/s 时竖井段 S1~S7 测点时均压强测量值

测点号	时均压强/(×9.81kPa)			
	测点 1	测点 2	测点 3	测点 4
S1	4.14	3.96	4.65	5.46
S2	1.80	1.95	2.19	1.92
S3	1.20	1.29	1.20	1.11
S4	0.75	1.86	1.05	1.05
S5	0.12	0.90	1.02	0.75

测点号	时均压强/(×9.81kPa)			
	测点 1	测点 2	测点 3	测点 4
S6	1.23	1.35	1.50	1.80
S7	2.40	6.30	6.15	7.35

表 3-15　　　下泄流量为 433.11m³/s 时平洞段 S8～S21 测点时均压强测量值

测点号	S8	S9	S10	S11	S12	S13	S14
时均压强/(×9.81kPa)	34.65	31.80	24.45	3.00	1.65	0.90	8.93
测点号	S15	S16	S17	S18	S19	S20	S21
时均压强/(×9.81kPa)	5.93	4.20	4.13	4.28	4.43	4.43	4.58

表 3-16　　　　　　　　下泄流量为 433.11m³/s 时脉动压强测量值

测点号	脉动压强/(×9.81kPa)			
	最大值	最 小 值	时均值	标准差
M1	54.68	19.41	33.76	4.07
M2	46.11	19.08	31.45	3.04
M3	6.54	1.41	3.94	0.61
M4	16.78	−3.55	4.66	2.20
M5	16.91	−4.13	5.19	2.53
M6	11.30	汽化压强（模型试验实测值为−0.51）	2.62	1.99
M7	27.76	汽化压强（模型试验实测值为−0.70）	2.01	4.22
M8	34.08	8.91	24.64	2.85
M9	40.74	−4.11	20.32	3.66
M10	22.35	汽化压强（模型试验实测值为−0.62）	2.51	3.33
M13	13.74	0.39	6.98	1.50
M14	10.15	5.67	8.12	0.58

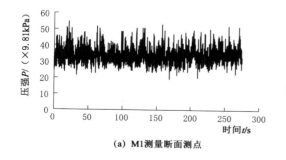

(a) M1测量断面测点

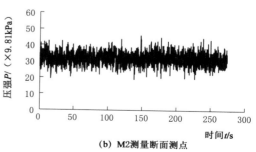

(b) M2测量断面测点

图 3-27（一）　下泄流量为 433.11m³/s 时各测点脉动压强时间过程线

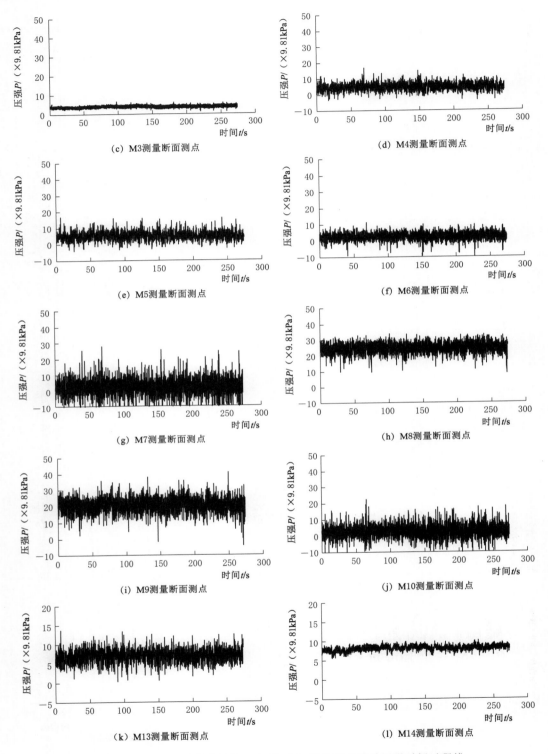

图 3-27（二）　下泄流量为 433.11m³/s 时各测点脉动压强时间过程线

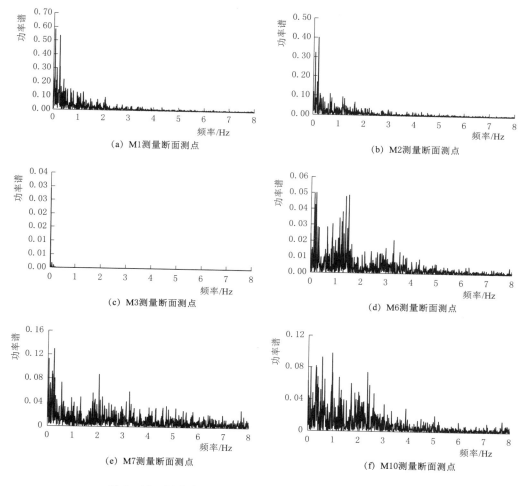

(a) M1测量断面测点

(b) M2测量断面测点

(c) M3测量断面测点

(d) M6测量断面测点

(e) M7测量断面测点

(f) M10测量断面测点

图 3-28 下泄流量为 433.11m³/s 时部分测点功率谱密度

下泄流量增大至最大流量 503.36m³/s 时，旋流竖井内消能工测得的时均压强测量值见表 3-17 和表 3-18，脉动压强测量值见表 3-19。脉动压强中时均值均为正压，其中 M7 测点的最大压强为 29.38×9.81kPa，最小值达到汽化压强（模型试验实测值为 −0.68×9.81kPa），时均值为 5.99×9.81kPa；M10 测点的最大压强为 23.90×9.81kPa，最小值达到汽化压强（模型试验实测值为 −0.57×9.81kPa），时均值为 5.54×9.81kPa。相比于下泄流量为 433.11m³/s 的工况，时均压力增大。M7 测点 1 万组测量数据中负压值达到汽化压强的数据减小到 57 组，占总采集数据的 0.57%，M10 测点负压值达到汽化压强的数据减小到 5 组，占总采集数据的 0.05%，总体上看此时 M7 和 M10 测点处的汽化压强仍然为瞬态出现，且掺气充分，造成空蚀的可能性很低。下泄流量为 503.36m³/s 时各测量断面测点处脉动压强时间过程线、部分测量断面测点处功率谱密度如图 3-29、图 3-30 所示，各测点的主要脉动能量均分布在 3Hz 以下。

表 3 - 17　　　下泄流量为 503.36m³/s 时竖井段 S1～S7 测点时均压强测量值

测点号	时均压强/(×9.81kPa)			
	测点 1	测点 2	测点 3	测点 4
S1	5.49	4.20	4.05	4.80
S2	2.04	2.19	2.48	2.40
S3	1.50	1.65	1.89	1.50
S4	0.99	1.56	1.44	1.20
S5	1.05	1.65	1.80	1.50
S6	3.45	3.75	3.75	4.20
S7	10.65	19.05	16.80	17.10

表 3 - 18　　　下泄流量为 503.36m³/s 时平洞段 S8～S21 测点时均压强测量值

测点号	S8	S9	S10	S11	S12	S13	S14
时均压强/(×9.81kPa)	39.45	36.45	31.50	5.78	1.95	0.75	10.50
测点号	S15	S16	S17	S18	S19	S20	S21
时均压强/(×9.81kPa)	6.60	4.35	4.20	4.35	4.41	4.35	4.71

表 3 - 19　　　　　　　　下泄流量为 503.36m³/s 时脉动压强测量值

测点号	脉动压强/(×9.81kPa)			
	最大值	最　小　值	时均值	标准差
M1	55.16	26.23	38.49	3.52
M2	52.52	26.57	36.61	2.88
M3	6.32	3.38	4.95	0.47
M4	16.23	−7.13	5.78	2.62
M5	23.41	−5.05	6.46	3.05
M6	14.04	−8.84	3.91	2.16
M7	29.38	汽化压强（模型试验实测值为−0.68）	5.99	4.82
M8	39.05	17.23	30.42	2.40
M9	41.12	7.74	27.76	3.67
M10	23.90	汽化压强（模型试验实测值为−0.57）	5.54	4.32
M13	12.75	−2.30	5.19	1.81
M14	10.92	1.03	5.80	0.88

　　为了全面反映环境友好型旋流竖井内消能工的时均压强特性，对下泄流量为 503.36m³/s 工况进行了数值模拟研究。环形堰和竖井段壁面压强对比如图 3 - 31 所示，图中同时给出了环形堰和竖井段壁面压强的数值模拟计算值和模型试验实测值，可见，在环形堰中下部，由于靠近潜水起旋墩（起旋装置），且壁面为 1/4 椭圆收缩曲线，水流的离心效应显著，因此壁面压强较大。水流进入竖井后，由于铅垂向流速增大，切向流速沿程减小，

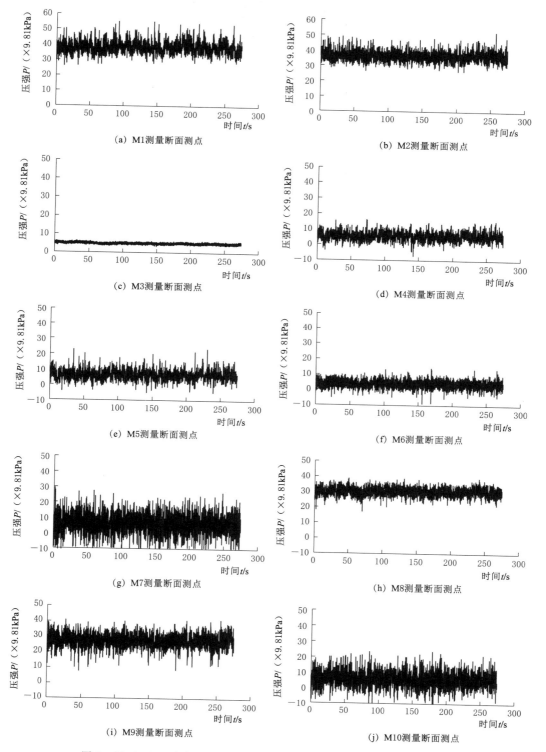

图 3 - 29 （一） 下泄流量为 503.36m³/s 时各测点脉动压强时间过程线

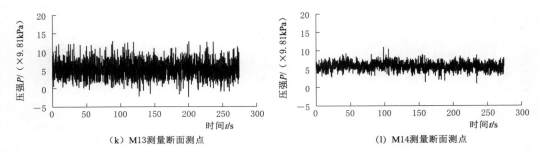

（k）M13测量断面测点　　　　　　　　　　　　（l）M14测量断面测点

图 3-29（二）　下泄流量为 503.36m³/s 时各测点脉动压强时间过程线

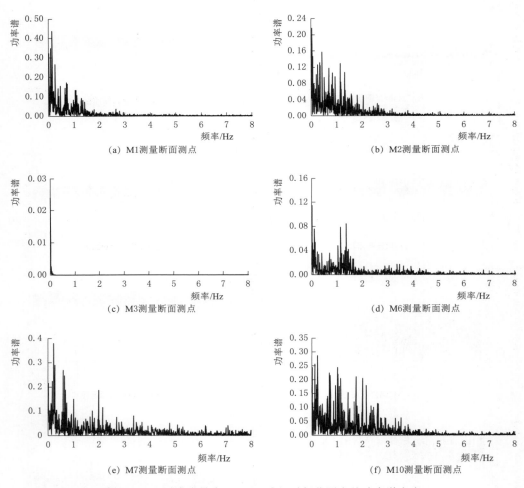

（a）M1测量断面测点　　　　　　　　　　　　（b）M2测量断面测点

（c）M3测量断面测点　　　　　　　　　　　　（d）M6测量断面测点

（e）M7测量断面测点　　　　　　　　　　　　（f）M10测量断面测点

图 3-30　下泄流量为 503.36m³/s 时部分测点处功率谱密度

高程自上而下的壁面压强迅速减小，直至竖井下部出现环状水跃后压强才有所回升，数值模拟结果可良好地反映竖井壁面压强数值先降后升的趋势。此外，竖井内无负压出现，表明利用起旋墩产生的离心力消能效果良好。总体来说，数值模拟结果与模型试验实测压强

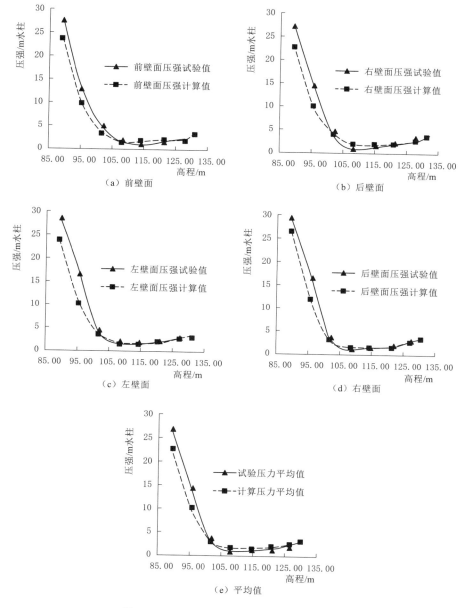

图 3-31 环形堰和竖井段壁面压强对比

变化规律基本一致，也表明利用 RNG $k-\varepsilon$ 湍流模型模拟新型旋流竖井消能工水流特性是可行的，但数值模拟得到的壁面压强计算值均较实测值偏小。在环状水跃高程以上，计算值和实测值相差不大，环状水跃以下，模拟效果较差，分析可能的原因包括：①物理模型试验存在测量误差，在测量过程中下泄流量较大，竖井下部发生环状水跃时水面波动较大，水气混掺剧烈，这将对实际测量结果产生影响；②数值模拟考虑的掺气与模型试验不相似，VOF 法追踪水气界面时，界面模糊可能导致模拟的库水位稍小于物理模型试验，流量差异造成压强偏差；③网格划分的精度与密度对计算结果的影响等。

　　竖井与平洞采用相贯连接，平洞内设置集水消力墩和倒三角顶压板构成压力消能工（水垫塘）。对平洞内可能会出现负压的几个关键部位进行压强量测，平洞压强测点布置如图 3-32 所示，平洞压强数值模拟计算值与模型试验实测值对比见表 3-20。

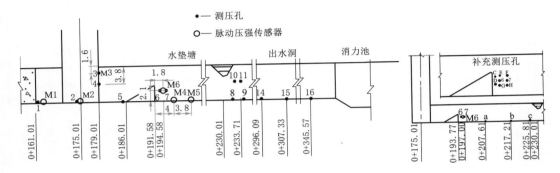

图 3-32　平洞压强测点布置（单位：m）

表 3-20　　　　　　　　平洞压强数值模拟计算值与模型试验实测值对比

位　　置	测 点 号	压强/(×9.81kPa)	
		试验值	计算值
水垫塘	1	41.60	40.42
	2	44.80	42.18
	3	16.96	15.23
	4	23.04	22.09
	5	29.76	29.76
	6	8.32	7.20
	7	8.32	5.07
	a	21.44	17.55
	b	22.56	18.40
	c	17.28	19.05
	8	9.92	12.01
	9	6.72	7.61
	10	1.44	5.90
	11	0.00	0.69
平洞	14	3.04	3.97
	15	4.48	4.09
	16	4.80	4.20

　　由表可知，平洞内壁面压强数值模拟计算值与模型试验实测值总体吻合良好，反映压强沿程变化规律基本相似，具体如下：①旋流竖井内消能工的最大压强出现在竖井的底板

上；②平洞内压强总体上呈沿程下降趋势；③平洞内没有出现负压，但压强有一定的波动，集水墩后（6号）压强下降较为明显；④b号测点上游段的计算值总体上小于实测值，而b号测点下游段的计算值又总体上较实测值稍大，这可能与集水墩、顶压板处的网格质量和掺气水流相似性的影响有关。

3.4 竖井水层合成速度与厚度

新型环形堰竖井的水流流态分三种，从上到下依次为空腔螺旋流、环状水跃和水气淹没垫层中水气掺混强烈的两相紊流。以环状水跃断面为界，其流速分上下两种类型：上部为空腔环形水层，表现为向量合成速度；下部是水气混合流，表现为沿径向的速度分布，可简化成断面平均流速。螺旋流在竖井中随着高程的降低，合成速度增快，动水压强降低，环状水跃之上如果出现负压仍可能引发空化。由于合成速度方向是变化的，同时水层较薄，靠近旋流空腔的水气界面容易出现紊动气泡，所以准确测出各断面合成速度难度较大。因此讨论空腔螺旋流水层合成速度与厚度的解析计算方法，以弥补试验量测的不足，并通过计算判断是否会发生空化现象。为解析竖井任意断面的合成速度，首先作如下假设：①竖井的轴向速度沿径向变化等于常数；②螺旋流属于自由涡，角动量矩满足

$$RV_t = \text{const} \tag{3-1}$$

式中：R 为水流旋转半径；V_t 为切向速度。

竖井合成速度理论计算示意图如图3-33所示，把螺旋流合成速度 v 分解成轴向速度 V_z 和切向速度 V_t，若已知进口截面的合成速度 V_0 及夹角 α，便可逐段计算竖井下各断面的合成速度。

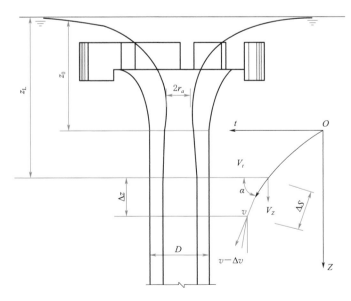

图3-33 竖井合成速度理论计算示意图

3.4.1　竖井水层合成速度

建立 ΔZ 上下两个断面的伯努利方程，有

$$\frac{v^2}{2g}+\mathrm{d}Z=\frac{(v+\Delta v)^2}{2g}+\frac{\lambda\,\mathrm{d}S}{4\chi}\frac{v^2}{2g} \tag{3-2}$$

忽略 Δv^2 项，并考虑到水力半径 χ 和水流迹线长 $\mathrm{d}S$ 分别为

$$\chi=\frac{Q}{\pi D v\sin\alpha} \tag{3-3}$$

$$\mathrm{d}S=\frac{\mathrm{d}Z}{\sin\alpha} \tag{3-4}$$

代入式（3-2）得

$$\mathrm{d}\left(\frac{v^2}{2g}\right)=\left[1-\frac{\lambda\pi D}{4Q}\sqrt{2g}\left(\frac{v^2}{2g}\right)^{3/2}\right]\mathrm{d}Z \tag{3-5}$$

令

$$\frac{\lambda\pi D}{4Q}\sqrt{2g}\left(\frac{v^2}{2g}\right)^{3/2}=F^{3/2} \tag{3-6}$$

有

$$F=C\frac{v^2}{2g} \tag{3-7}$$

$$C=\left(\frac{\lambda\pi D}{4Q}\sqrt{2g}\right)^{2/3} \tag{3-8}$$

整理得

$$\mathrm{d}\left(\frac{v^2}{2g}\right)=\frac{\mathrm{d}F}{C} \tag{3-9}$$

式中：D 为竖井直径；C 为系数；Q 为过流量。

联立并积分得

$$C\int_0^Z\mathrm{d}Z=\int_{F_0}^F\frac{\mathrm{d}F}{1-F^{3/2}}=\int_0^F\frac{\mathrm{d}F}{1-F^{3/2}}-\int_0^{F_0}\frac{\mathrm{d}F}{1-F^{3/2}} \tag{3-10}$$

即

$$I(F)=I(F_0)+CZ \tag{3-11}$$

其中

$$Z=i\Delta Z \tag{3-12}$$

式中：Z 为从竖井进口算起向下至第 N 个 ΔZ 断面；下标 0 为初始值。

不妨设

$$F=t^2 \tag{3-13}$$

代入积分，整理得到

$$I(F)=\frac{1}{3}\left[2\ln\frac{1}{1-\sqrt{F}}+\ln(1+F+\sqrt{F})-2\sqrt{3}\arctan\frac{1+2\sqrt{F}}{\sqrt{3}}+2\sqrt{3}\arctan\frac{1}{\sqrt{3}}\right]$$

$$\tag{3-14}$$

可编写程序计算 F 值，合成速度 v 亦可求得。于是，竖井合成速度的计算过程可以是：①计算 $Z_0=0$ 时，C_0 和 F_0；②代入计算 $I(F_0)$；③再将 $I(F_0)$ 值代入计算 $Z_1=Z_0+\Delta Z$ 时的 $I(F_1)$，相应的 F_1 值反算求出；④将 F_1 代入即可得到 Z_1 时的合成速度 v_1；⑤其他断面依次进行。

其中，初始合成速度 V_0 在不计进口行进流速影响下为

$$V_0=\sqrt{2gH_0} \tag{3-15}$$

式中：H_0 为初始断面作用水头；ΔZ 一般取不大于竖井长度的 1/10 为宜。

关于合成速度与水平的夹角，由动量原理，沿轴向的动量变化等于沿轴向的作用力（水体重量和壁面摩阻力），导出的公式为

$$\alpha=\cos^{-1}\left[\left(\frac{X(F)}{X(F_0)}\right)\cos\alpha_0\right] \tag{3-16}$$

其中

$$X(F)=\left(\frac{1-F^{3/2}}{F^{3/2}}\right)^{1/3} \tag{3-17}$$

3.4.2　竖井水层厚度

竖井水层厚度 d 为

$$d=R-r_a \tag{3-18}$$

式中：R 为竖井半径；r_a 为竖井计算断面空腔半径。

由下式确定 r_a

$$Q=V\sin\alpha\times\pi(R^2-r_a^2) \tag{3-19}$$

$$r_a^2=R^2-\frac{Q}{V\pi\sin\alpha} \tag{3-20}$$

于是得

$$d=R-r_a=R-\sqrt{R^2-\frac{Q}{V\pi\sin\alpha}} \tag{3-21}$$

当计算出 F 后，可计算相应的合成速度矢量与水平的夹角，最后解析出竖井的水层厚度。

为了验证上述解析公式，以清远下库旋流竖井内消能工 5000 年一遇洪水工况为例竖井水层各高程合成速度、水层厚度的理论解析计算值与数值模拟计算值的对比如图 3-34 所示。由图可知，合成速度理论解析计算值与数值模拟计算值变化规律呈现较好的一致性，吻合度较高。相比之下，数值模拟计算水层厚度略大于理论解析值，且二者变化规律相似，分析可能的原因有二：一方面，数值模拟的水层厚度是通过估算获得，必然存在一定偏差；另一方面，数值模拟中掺气的计算与实际并不能完全相符，这也会导致水层厚度数值计算上会存在一定的偏差。总体来看，理论解析计算值和数值模拟计算值一致性较高，建立的竖井水层合成速度与厚度解析计算方法可供设计参考。

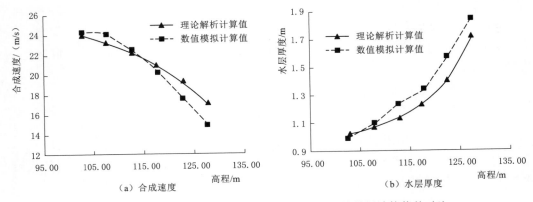

图 3-34　竖井水层各高程理论解析计算值与数值模拟计算值的对比

3.5　模型中 TDG 饱和度的沿程变化

以安徽桐城抽水蓄能电站下水库新型旋流竖井内消能工为例对 TDG 饱和度的形成过程及变化规律进行介绍。

根据物理模型的几何比尺进行估算知旋流竖井内消能工物理模型的总长约为 20m，高约为 3.5m，从竖井进口至下游消力池出口一共布置了 18 个 TDG 饱和度测点（T1～T18），TDG 浓度测点布置如图 3-35 所示。TDG 饱和度测量设备为哈希 HQ30D，分辨率为 0.1%，测量时每个测点测量 3 次，然后取均值。

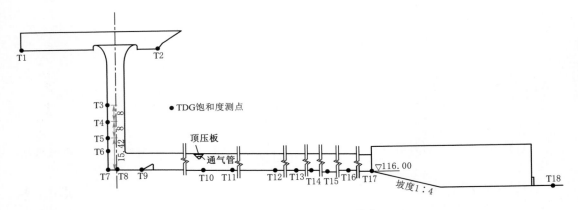

图 3-35　TDG 浓度测点布置图（单位：m）

各工况下沿程各测点的 TDG 饱和度分布如图 3-36 所示，各工况下的竖井与平洞交汇处流态如图 3-37 所示。从物理模型实测结果来看，除 100 年一遇工况（下泄流量为 193.07m³/s）外，其余工况下的 TDG 饱和度由 T5 测点开始逐渐上升；所有工况下，T8 测点（竖井底部的中心点）的 TDG 饱和度最大，至 T9 测点则快速降低，随后 TDG 饱和度再次升高，再沿程缓慢下降。100 年一遇工况（下泄流量为 193.07m³/s）下 TDG 饱和度未从 T5 测点开始升高的原因为：环状水跃的高度在 T5 测点以下，水体沿竖井壁面流动，并未掺气。T7 和 T8 测点虽然同样位于竖井底部，但是 TDG 饱和度差别较大，达到约 0.4%～0.8%，这主要与旋流消能工的竖井段的流态有关。水体由旋流墩进入，在竖井中产生贴壁的旋转流动，进而在竖井段与平洞段交汇处的壁面附近（T7 测点）以水体的形式存在，由 100 年一遇工况（下泄流量为 193.07m³/s）和 200 年一遇工况（下泄流量为 248.39m³/s）可明显观察到无掺气水体，而竖井段的中部（T8 测点），水体呈现出强水气掺混的状态，再结合 T8 测点的脉动压强为沿程最大，因此 TDG 饱和度出现大幅增加。T7 测点处的水气掺混状态如图 3-38 所示。

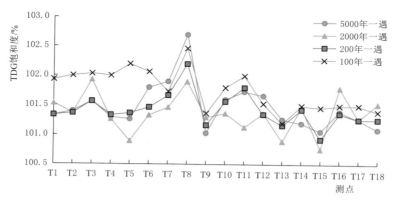

图 3-36　沿程各测点的 TDG 饱和度分布

（a）100 年一遇工况（下泄流量为 193.07m³/s）

（b）200 年一遇工况（下泄流量为 248.39m³/s）

（c）2000 年一遇工况（下泄流量为 433.11m³/s）

（d）5000 年一遇工况（下泄流量为 503.36m³/s）

图 3-37　各工况下的竖井与平洞交汇处流态

（a）100 年一遇　　　　（b）200 年一遇　　　　（c）2000 年一遇　　　　（d）5000 年一遇

图 3-38　T7 测点处的水气掺混状态

　　T3～T18 测点 TDG 饱和度增量变化如图 3-39 所示，显示了旋流竖井内消能工沿程的 TDG 饱和度相对于进水口处的变化。除竖井底部的 TDG 饱和度升高剧烈外，模型中平洞段的 TDG 饱和度沿程逐渐降低，至消力池出口 TDG 饱和度增量已总体略低于 0，说明模型中消力池后的 TDG 饱和度相比于进水口未有显著增大。当然由于原、模型中 TDG 饱和度不相似，原型中消力池出口的 TDG 饱和度是否无明显上升还需进一步的原型观测。

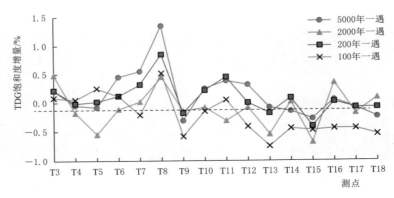

图 3-39　T3～T18 测点的 TDG 饱和度增量变化

　　旋流竖井内消能工在竖井段和平洞段上游完成洞内掺气消能，然后经过数百米的平洞段，这对于 TDG 的释放有利，在试验中也可观察到顶压板后的水体逐渐由水气掺混的状态过渡到非掺混状态。经过洞内消能，出口段的流速可控制在 20m/s 以下（广东清远和安徽桐城平洞出口处约为 18m/s），降低了消力池的脉动压强，也有利于降低 TDG 饱和度。

　　泄水建筑物水体过饱和消减措施目前比较成功的案例采用的是设置挑流坎，如美国的 Lower Columbia 流域和 Lower Snake River 流域。根据付小莉等对哥伦比亚河上的麦克纳里大坝溢洪道（图 3-40）的实测结果，相比于无挑流坎，采用挑流坎后在坝下 200m 处可降低 10%~15% 的 TDG 饱和度。麦克纳里大坝消力池内有无挑流坎时的沿程 TDG 饱和度如图 3-41 所示。

在溢洪道底部设置挑流坎来减缓 TDG 饱和度的主要机理是：引导水流向消力池上部抛射，避免水流卷带气泡冲向消力池底部的高压区，减小气体在水中的溶解。旋流竖井消能工由于其特殊的消能机理，在出水洞内通过改变流态降低 TDG 饱和度的可能性

图 3-40 麦克纳里大坝溢洪道

不大，因此可考虑在出口消力池段合适位置设置水平坎的型式降低消力池内的水气掺混强度，将底流消能型式转换为面流消能，从而降低下游的 TDG 饱和度。

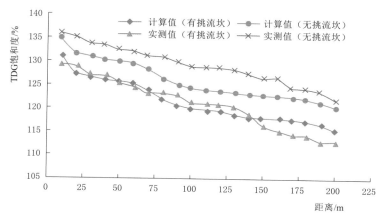

图 3-41 麦克纳里大坝消力池内有无挑流坎时的沿程 TDG 饱和度

3.6 旋流竖井内消能工成套设计方法

3.6.1 旋流竖井直径

在确定旋流环形堰半径之前应首先计算旋流竖井直径 D。不管是堰流进水口和短、长压力进水口，或是扇形堰和旋流环形堰进水口，确定竖井尺寸的方法都是相同的。在同一流量下相应竖井直径基本相同。短压力进水口的引水道通常为急流（超临界流），需要考虑弗汝德数的影响。

旋流竖井内消能工竖井中的水流紧贴竖井壁旋转而下，竖井中间存在与大气相接的空腔的螺旋流。空腔断面在涡室与竖井连接处最小，称为喉部，这是整个竖井最大下泄流量的控制断面。喉部空腔尺寸通常用相对空腔半径表示

$$r' = r_a/R$$

(3-22)

式中：r_a、R 分别为旋流空腔半径、竖井半径。

对经典涡壳型涡室的试验证明，在给定的设计流量下，当喉部相对空腔半径 r' 为 0.4

时，竖井的尺寸最小，要再增加流量，则空腔迅速缩小，出现壅（呛）水现象，使旋流竖井稳定的工作条件被破坏。根据以往四川沙牌和溪洛渡水电站等一系列旋流竖井泄洪洞的试验结果，提出采用竖井虚拟弗汝德数 Fr_x 作为判断旋流竖井喉部水流状态的判定准则，并以此作为旋流竖井直径的计算依据。具体方法如下：

对于给定的最大设计下泄流量 Q，试验并计算竖井的虚拟弗汝德数 Fr_x 为

$$Fr_x = \frac{Q}{\sqrt{gD^5}} \tag{3-23}$$

式中：Fr_x 为竖井虚拟弗汝德数；Q 为给定的最大设计流量，m^3/s；D 为竖井直径，m；g 为重力加速度，m/s^2。

如果 $Fr_x>1$，竖井与涡室的连接处会出现壅水现象，使实际最大安全下泄流量小于设计值，说明竖井直径偏小；如果 $Fr_x<1$，则竖井的泄流能力超过设计值，说明竖井直径偏大；只有虚拟弗汝德数等于 1 时是竖井最佳的直径选择，恰好满足给定最大设计流量的要求。

令式（3-23）中 $Fr_x=1$ 可直接得出竖井直径的经验计算公式

$$D = \left(\frac{Q^2}{g}\right)^{1/5} \tag{3-24}$$

式（3-24）适用于有引水道连接的任何涡室体型。在实际确定竖井直径时要乘以略大于 1 的安全系数 k，即

$$D = k\left(\frac{Q^2}{g}\right)^{1/5} \tag{3-25}$$

安全系数 k 与进水口下游行进流的弗汝德数 Fr 有一定关系，但随 Fr 的增加很缓慢，根据中国水利水电科学研究院对许多工程的试验研究经验，建议按下式计算 k 值

$$k = (Fr+1)^{0.035} \tag{3-26}$$

式中：Fr 为引水道弗汝德数，可按工作闸门处孔口尺寸（宽 $B\times$ 高 h）计算，即

$$Fr = \frac{Q}{\sqrt{gB^2h^3}} \tag{3-27}$$

式中：B 为工作闸门处孔口宽度；h 为工作闸门处孔口高度。

一般的，对于有压流引水道，$1.0<k\leqslant1.05$；对于无引水道的平面旋流环形堰进水口，$k=1$。

3.6.2　旋流环形堰半径

旋流环形堰同竖井连接时，进水口的下泄流量按堰流流量公式计算，式中溢流堰弧线长度 B（$B=2\pi R_L$）即堰顶圆周长，则旋流环形堰流量为

$$Q = m2\pi R_L\sqrt{2g}H^{3/2} \tag{3-28}$$

式中：m 为流量系数。

m 受潜水起旋墩的数量 n、墩与环形堰外缘切线的夹角 θ、相对堰顶水头 H/R_L、起旋墩的相对净高 z/H（z 为从堰顶算起的起旋墩的高度）、相对堰高 P/H、相对墩长 L/R_L、相对墩宽 W/H 以及环形堰断面曲线形式等影响。流量系数 m 随着起旋墩与堰的

切线夹角减小，起旋墩的数量、堰顶相对水头、墩的相对净高的增加而减小；随着堰顶相对水头、墩的相对净高的减小、墩与堰的切线夹角、相对堰高的增加而增大。由于流量系数影响因素很多，所以很难确定。考虑到 H/R_L 对流量系数影响很大，如果将 n，θ，z/H，P/H，L/R_L，W/H 和断面曲线等分别做出统一的规定值，则视流量系数主要与相对堰顶水头 H/R_L 有关。为了便于计算，式（3-28）可整理为

$$R_L = \left(\frac{1}{m\,2\pi\sqrt{2}\,(H/R_L)^{3/2}}\right)^{2/5}\left(\frac{Q}{\sqrt{g}}\right)^{2/5} = KD \tag{3-29}$$

$$D = \left(\frac{Q^2}{\sqrt{g}}\right)^{1/5} \tag{3-30}$$

$$K = \frac{0.417}{m^{0.4}\times(H/R_L)^{0.6}} \tag{3-31}$$

式中：D 为竖井直径；H 为堰顶最大设计水深；R_L 为环形堰平面半径；m 为流量系数；K 为计算系数。

从式（3-29）可看出，环形堰平面半径可以表示为旋流竖井直径的函数

$$R_L = KD \tag{3-32}$$

应该指出，因为环形堰的堰顶高程即水库正常蓄水位，无闸门控制，必须考虑水库的利用效益。堰顶水深 H 的选值是受限制的，因为堰顶水头增高，通过堰顶的弃水量增多，降低水库利用率或发电效益，因此堰顶水深 H 通常控制在 $H\leqslant5\mathrm{m}$。并且，若 H 或 H/R_L 取值太大，堰顶水头很高，则环形堰进口可能出现完全淹没流态，不能形成稳定的空腔通气螺旋流，对消能、防蚀和运行的稳定性都不利；若 H 或 H/R_L 取值小，要想满足最大下泄流量的要求，则必须增大环形堰的直径，导致开挖量增大，工程投资增加。因此相对堰顶水头通常控制在 $0.22 < H/R_L \leqslant 0.7$。

3.6.3 旋流环形堰断面曲线

因为旋流环形堰不会产生负压，断面曲线可采用 1/4 椭圆曲线取代传统复杂的高次曲线同竖井连接。椭圆曲线长半轴 a 的顶点即环形堰的堰顶，再用半径 r 为 $0.1D$ 的 1/4 小圆弧同堰顶相切连接，小圆弧的另一切线与地面垂直连接，成为环形堰的外缘。

3.6.4 旋流环形堰流量系数

初步设计规定：环形堰外圆对称的布置 8 个潜水起旋墩；起旋墩与环形堰的外圆切线成 $\theta=10°$ 的夹角连接；相对堰高 $P/H=0.3$。优化后的潜水起旋墩结构尺寸为：起旋墩的长度 $l\approx R_L$；宽度 $w\approx0.35H$；潜水起旋墩从堰顶算起的净高 $z\approx0.75H$。其中，H 为最大堰顶水深。

按上述规定设计的潜水起旋墩环形堰的流量系数 m 的经验计算公式为

$$m = 0.19 + 0.035(H/R_L)^{-1.5}\,e^{-1.5H/R_L} \tag{3-33}$$

为了便于对应各种下泄流量条件下的环形堰半径都能按式（3-33）计算，通过系统试验研究给出相应各种下泄流量下环形溢流堰的设计参数，见表 3-21。

表 3 - 21　　　　　　　　　相应各种下泄流量下环形溢流堰的设计参数

最大设计流量 $Q/(\text{m}^3/\text{s})$	相对堰顶水头 H/R_L	流量系数 m	R_L 的计算系数 k
3000	0.23	0.415	1.432
2500	0.25	0.382	1.407
2000	0.28	0.345	1.370
1500	0.31	0.317	1.333
1000	0.39	0.270	1.239
550	0.58	0.223	1.054
400	0.65	0.215	0.999
300	0.70	0.211	0.962

有必要指出，表中与 Q 对应的 H/R_L 值不是严格不变的，而是要根据地形条件，即开挖的工程量和堰顶水头 H 的选取有关，需要通过经济比较来确定。由于流量系数的计算公式都根据试验资料分析得出的，可能同实际值存在一些偏差。若按上述公式计算和设计的环形堰，通过模型试验结果，泄流能力同最大设计要求值有些差异，则通过调节潜水起旋墩的高度很容易满足要求。调节起旋墩的原则是，若试验流量偏小就略降低墩高，反之略增加墩高。

3.6.5　竖井与平洞（原导流洞）的连接及附加消能工设计

由于平洞（原导流洞）的断面尺寸大小不同，竖井与平洞的连接方式亦存在不同，例如：竖井直接同洞顶相贯连接，以及平洞与竖井边壁相切连接或相贯连接等。当竖井与平洞采用相贯连接时，应对衔接的棱角进行倒角，以减小脉动负压的尖峰值。为了增加总体旋流竖井内消能工的消能率，在竖井与平洞连接的上游段留有短的盲洞，下游一段长的洞内浇筑各种消力墩，构建压力消能工（水垫塘），竖井下部盲洞和由各种消力墩构成的压力消能工如图 3 - 42 所示。根据平洞不同的断面尺寸，在压力消能工内浇筑各种形体的消

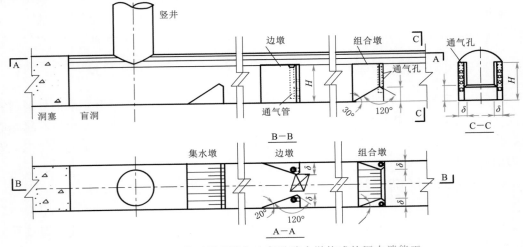

图 3 - 42　竖井下部盲洞和由各种消力墩构成的压力消能工

力墩。因溢流堰顶无控制闸门，库水位一超过堰顶就溢流，这时竖井下部无水垫层，在低水位运行时降落的水流易冲蚀竖井底板。为了防止水流冲蚀竖井底板，在平洞进口段设置一道集水消力墩，在其下游再设置边墩、组合墩或顶压板等自掺气消力墩。设置消力墩的种类和数量因平洞断面尺寸而定，除设一道集水墩外，还可以设边墩和组合墩。压力消能工中的顶压板、边墩、组合墩和分散组合墩如图 3-43 所示。

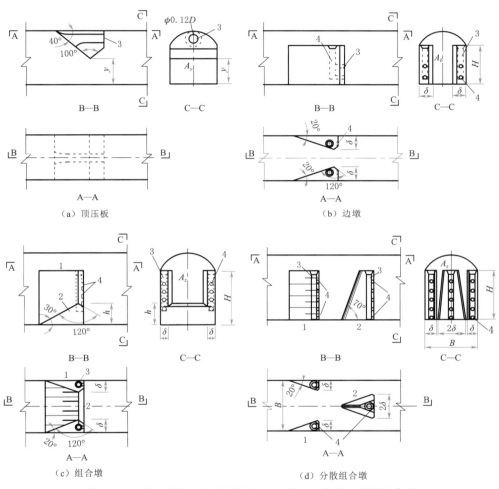

图 3-43 压力消能工中的顶压板、边墩、组合墩和分散组合墩
1—边墩；2—中墩；3—通气管；4—掺气孔

若平洞断面较小，洞内只能设一道边墩或顶压板。顶压板和各种消力墩均为自掺气型，即通过在顶压板内和消力墩内埋设通气管和水平支管，向墩（坎）的背水面掺气，以防止墩后（坎后）发生空蚀，空气来自洞顶的水气混合体，因为在压力消能工的洞顶内水流的掺气浓度可达 50%。

3.6.6 设计总剖面和流态

环境友好型旋流竖井内消能工由自调节潜水起旋墩、环形溢流堰、竖井、洞内压力消能工（由集水消力墩，边墩、组合消力墩或顶压板构成）、平洞和出口底流消能工组成，新型竖井内消能工总体结构及环形堰竖井流态示意图如图 3-44 所示。洞内各种消能工均为自掺气型，可避免消力墩自身或洞内空蚀。应特别指出，为了保持竖井形成稳定的空腔螺旋流运动，同时产生环状水跃，以保证通过最大设计流量和增加消能率，要求洞内各消力墩收缩孔的过流面积不能太小。否则，在竖井和平洞内会出现不稳定空腔变异现象，即旋流空腔变成细小的蚯蚓状、环状水跃消失和竖井产生壅水现象等，结果将导致下泄流量严重减小，并且引起竖井和平洞振动。

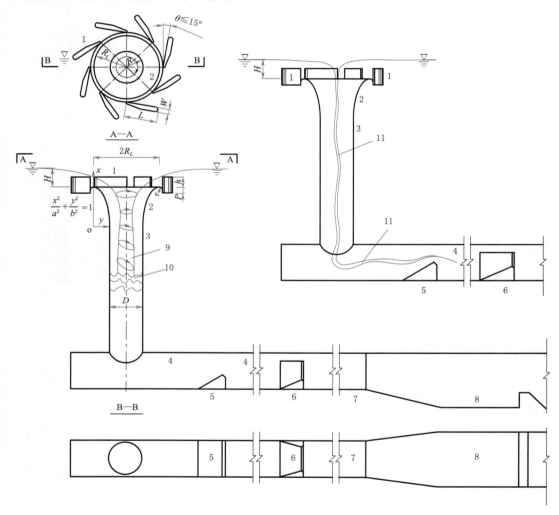

图 3-44　新型竖井内消能工总体结构及环形堰竖井流态示意图

1—自调节潜水起旋墩；2—环形溢流堰；3—竖井；4—压力消能工；5—集水消力墩；6—组合消力墩；
7—出水洞；8—消力池（或其他消能设施）；9—旋流空腔；10—环状水跃；11—空腔变异现象

第4章
孔板式内消能技术

孔板式内消能技术是在压力隧洞内设置环状孔板（或洞塞）突然减小过流断面，利用水流在孔板附近的突然收缩及孔板后形成压力淹没射流以实现能量消耗的消能技术，是一种封闭式的压力内消能技术。这种压力内消能工具有结构体型简单，水流流态稳定，通过变化孔板体型尺寸可以调控其消能效果的特点。对于高水头的泄洪洞采取在压力隧洞段合理地设置多级孔板连续消能的方式可以有效减小洞内压力，控制洞内水流流速，降低洞内高速水流可能导致的冲刷及磨损破坏风险。同时洪水能量在水流经过多级孔板的过程中逐级消耗，避免将水流所携带的巨大能量传递至下游，从而可降低下游泄洪消能的难度。这样的泄洪消能方式对改善大坝下游水流的衔接条件，减轻泄洪水流对下游河道的冲刷，维护河床和岸坡稳定，减轻泄洪雾化对周边环境的影响都有积极的作用。

4.1 结构组成

孔板式消能工应用于实际工程中一般采取多级孔板以适当的间距连续布置的方式，以达到工程泄洪消能的预期目的。20世纪70年代，加拿大的迈卡水坝率先利用多孔洞塞式消能工将导流洞改建为泄洪洞，通过两级三孔洞塞消能使洞内原高达52m/s的流速降低至小于35m/s，两级洞塞消耗的能量达50%以上，投入实际运行的效果良好。奥地利的丘列盖斯拱坝底孔的最大水位差为133m，采用突扩内消能工将进口流速36m/s降低到出口流速为19m/s，减轻了下游消能防冲的难度。我国的小浪底工程为适应地形地质条件并满足枢纽泄洪要求，对多级孔板内消能工进行了大量试验研究，对多级孔板的布局和结构体型进行优化比较，最终采用三级孔板内消能方案将3条导流洞改建成为孔板内消能的泄洪洞，使最大工作水头达140m，单洞泄洪功率超过2000MW的泄洪洞的洞内最大流速控制在35m/s以内，缓解了洞内流速过高容易诱发空化空蚀的矛盾和含沙水流对过流面的磨损问题。截至2018年8月，3条孔板泄洪洞累计过流运用时间依次为33.66h、323.27h和141.17h，最高运用水位依次为249.82m、254.74m和260.01m，并先后进行了4次水力学原型观测。总体来看：①孔板泄洪洞运行期间泄水建筑物的振动较小，孔板泄洪洞正常情况下运行比较平稳；②泄洪洞内三级孔板的消能率达40%以上，孔板消能效果较好；③多次过流运行后孔板段流道过流表面完整无损，没有发现冲刷、磨损和空蚀等破坏现象。这些工程应用情况在一定程度上反映了这种突缩突扩的孔板式内消能工具有较好的安全可靠性。不失一般性，以小浪底工程1号孔板泄洪洞为例对孔板式内消能工的结构特征进行说明。

　　小浪底工程 1 号孔板泄洪洞由导流洞改建而成，是多级孔板泄洪洞的一种典型的布置形式，1 号孔板泄洪洞布置如图 4-1 所示。该三级孔板泄洪洞进口高程为 175.00m，在进口段设一道检修门，通过龙抬头式的连接段与原导流洞连接。该孔板泄洪洞压力段包括龙抬头段和孔板消能段。龙抬头段是导流洞改建成孔板洞时进水塔和导流洞之间的连接段，其洞径为 12.5m，衬砌厚 1.5m，竖向转角 50°。孔板消能段是孔板泄洪洞的核心部位，处在龙抬头段和中闸室段之间，孔板洞的内径为 14.50m。1 号孔板泄洪洞的消能段长为 134.25m，三级孔板泄洪洞的孔板间距为 43.5m，约为 3 倍的洞径。自上游开始，三级孔板的桩号依次为 0+131.79、0+175.29 和 0+218.79。综合考虑孔板的消能效果和水流空化特性，经多个体型的优化比较，最终确定 Ⅰ 级、Ⅱ 级、Ⅲ 级孔板的孔口直径分别为 10.0m、10.5m 和 10.5m，相应的孔径比（孔板内径与泄洪洞内径之比）分别为 0.690、0.724、0.724，孔缘半径 R 分别为 0.02m、0.2m、0.3m，孔板厚均为 2.0m，1 号孔板泄洪洞压力段（孔板段）体型布置如图 4-2 所示。此外，在孔板前的根部还设置了 1.2×1.2m 的消涡环，消除了孔板前角隅处分离漩涡，增强了孔板前水流的收缩及稳定性，有效改善了孔板段的水流空化特性。消涡环示意如图 4-3 所示。

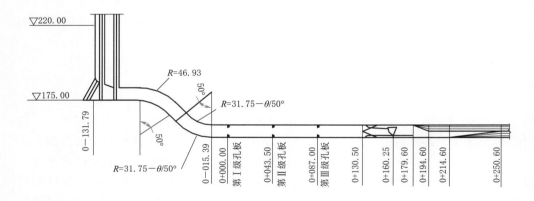

图 4-1　1 号孔板泄洪洞布置图（单位：m）

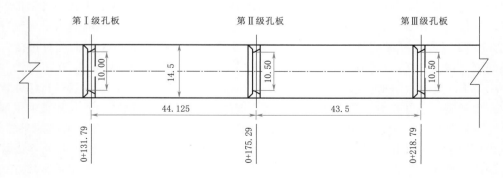

图 4-2　1 号孔板泄洪洞压力段（孔板段）体型布置（单位：m）

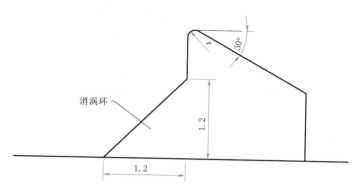

图 4-3　消涡环示意图（单位：m）

4.2　水流流动特征

如前所述，孔板式内消能工是在压力隧洞内利用孔板使局部过流断面迅速缩小，随后断面又突然扩大，通过孔板前后水流流态的急剧变化以实现水流能量消耗的消能技术。因此，从这个角度来说，无论是多级布置，抑或单级布置，孔板式内消能工的水流流动特征应基本一致。不过，由于不同的体型布置方式还是会对孔板的水流条件造成一定的影响，进而导致孔板后旋滚回流区的范围大小、洞室内的流速分布、水流紊动强度、时均压强及脉动压强发生变化，从而改变孔板消能工的消能效果和水流空化特性。

4.2.1　单级孔板

单级孔板是孔板式内消能工的基本单元，孔板附近水流流动形态示意如图 4-4 所示，当上游隧洞来流接近孔板时受到孔板的约束，孔板前过流断面突然减小，水流急剧收缩，主流局部与隧洞边壁发生分离，并在孔板上角隅处形成漩涡。孔板处过流断面缩小，水流流速加大，压力减小，在孔板后形成射流，由于水流惯性作用在孔缘后射流继续收缩并直至达到最小收缩断面，而后射流开始快速扩散，直至主流扩展到隧洞的全断面而重新贴附于隧洞壁面。孔板后按照水流流动形态的区别可划分为主流核心区、漩涡回流区和混流区，在漩涡回流与主流之间由于流速梯度大形成强剪切带。孔口后收缩射流主体的外侧与隧洞洞壁之间形成封闭的环状回流漩涡区，回流区内水流紊动强烈，特别是水流与回流水

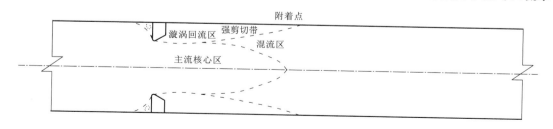

图 4-4　孔板附近水流流动形态示意图

体之间水流流速梯度大，沿射流边界形成强剪切层，伴随水体之间的强剪切、掺混运动，这种剧烈紊动的水流导致流速、压力快速变化，同时也大量耗散能量。

4.2.2　两级孔板

通过某物理模型试验对两级孔板组成的孔板式内消能工的水流流动特性进行介绍。该物理模型试验采用的隧洞内径为 10.2cm，两级孔板体型相同，孔口内径均为 7.02cm，孔径比为 0.689，锐缘孔板的孔缘倾角为 60°，孔板厚径比为 0.14，孔板间距为 3D。模型试验时的流量为 0.0113m³/s，相应的洞内平均流速为 1.38m/s，水流雷诺数为 1.4×10⁵。利用二维激光流速仪对两级孔板泄洪洞段流场进行测量（图 4−5）。比较图 4−5（a）、（b）可知，孔板泄洪洞内水流从时间平均的意义上是以轴向流动为主，除了靠近孔板前的个别断面外，孔板泄洪洞内的径向时均流速都很小。两级孔板后的轴向流速分布清楚地表明孔板泄洪洞内属于典型的分离水流流态，按其流速分布特征可分为 3 个区域：①势流区，位于孔板后射流水股中心附近，其轴向时均流速沿径向分布均匀，从时均意义上可以近似看作无旋运动，该区自孔口开始向下游沿程逐渐收缩，至一定距离后消失；②回流区，孔板下游边壁附近存在狭长的回流区，该区域内时均轴向流速逆向上游，回流区末端称之为水流再附着点；③混流区，位于势流区和回流区之间，在混流区内轴向时均流速沿径向分布极不均匀，流速梯度大，水流紊动剧烈，这一区域是紊动能量产生及耗散的主要区域。混流区自孔板孔口下缘开始生成，向下游逐渐扩展，直至势流区和回流区的末端而占据整个管道。

比较孔板前及孔板后的流场测量结果可知，水流受到孔板扰动作用后的流场与来流相比将发生显著的变化，主要表现在两个方面，即时均流速分布的不均匀性和水流紊动强度的显著增大。首先，在第Ⅰ级孔板前 0.5D 处断面的轴向平均流速分布比较均匀，而孔板后流速分布形态突变，在回流区范围内不仅中心部位流速急剧增大，而且在靠近边壁周围的区域还存在逆向回流，时均流速分布极不均匀，断面流速梯度大，即使在接近第Ⅱ级孔板的部位，断面的轴向时均流速分布不均匀程度与孔板前来流相比，其差异仍然明显可见，直到第Ⅱ级孔板后的 3D 处，断面的时均轴向流速分布才与来流的断面流速分布比较接近。可见，孔板间距为 3D 时水流还不能获得充分的恢复调整。其次，由于受到孔板的扰动孔板室内水流的紊动加剧。从图 4−5（c）、（d）可以看出，孔板前的来流，无论是轴向脉动强度，还是径向脉动强度，其脉动强度均较微弱，第Ⅰ级孔板前 0.5D 处断面的最大轴向脉动强度和最大径向脉动强度分别为 0.038 和 0.042，而孔板后水流的最大轴向脉动强度和最大径向脉动强度分别为 0.258 和 0.221，高达孔板前来流 5～7 倍。孔板室内各个断面上脉动强度在断面上呈马鞍形分布，且脉动强度的极大值都出现在混合区的强剪切带内，也就是说，最剧烈的水流脉动位于水流中间，紧邻洞式壁面的水流脉动相对较弱。孔板后脉动强度沿程调整，在断面上的分布渐趋均匀化。各个断面的轴向脉动动能 C_u 和径向脉动动能 C_v 为

$$C_u = \frac{\iint_s 0.5\rho\overline{u^2}U\mathrm{d}\phi\,\mathrm{d}r/\rho gQ}{V_d^2/2g} \tag{4-1}$$

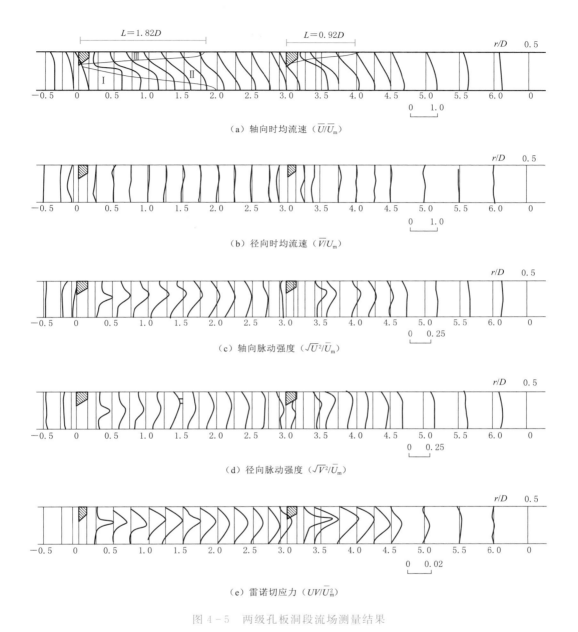

（a）轴向时均流速（$\overline{U}/\overline{U}_\mathrm{m}$）

（b）径向时均流速（$\overline{V}/\overline{U}_\mathrm{m}$）

（c）轴向脉动强度（$\sqrt{\overline{U'^2}}/\overline{U}_\mathrm{m}$）

（d）径向脉动强度（$\sqrt{\overline{V'^2}}/\overline{U}_\mathrm{m}$）

（e）雷诺切应力（$\overline{UV}/\overline{U}_\mathrm{m}^2$）

图 4 - 5   两级孔板洞段流场测量结果

$$C_v = \frac{\iint_s 0.5\rho\overline{v^2}U\,\mathrm{d}\phi\,\mathrm{d}r/\rho gQ}{V_d^2/2g} \qquad (4-2)$$

　　水流经过孔板后其脉动动能急剧增大，孔板室内的脉动动能可高达来流断面脉动动能的 20 倍以上，即使在第Ⅱ级孔板下游的 3D 处断面脉动动能仍然是孔板前来流断面脉动动能 5 倍左右。从紊流理论的角度来看，脉动动能的增长衰减过程正是水流能量消耗的过程，孔板洞室内水流脉动动能的沿程变化反映了孔板消能工具有良好的消能效果。断面平均脉动动能水头沿程分布如图 4 - 6 所示。

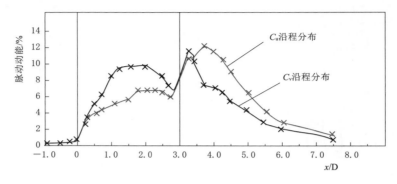

图 4 - 6　断面平均脉动动能水头沿程分布

4.2.3　多级孔板

　　某工程拟用的五级孔板泄洪洞的消能方案，其泄洪洞内径为 14.5m，五级孔板的孔径比均为 0.69，泄洪洞的断面平均流速约为 9.6m/s。为了了解其流动特征，针对其开展了几何比尺为 1∶60 的物理模型试验。不失一般性，重点针对其第 Ⅰ 级和第 Ⅱ 级孔板洞室的流动特征进行了测量分析，多级孔板洞室的断面流速分布如图 4 - 7 所示。试验结果显示：两级孔板后水流流速的变化规律基本一致，水流流经两级孔板时流速迅速增大，在第 Ⅰ 级孔口下游 0.5D 处实测断面最大流速达 29.57m/s，约为断面平均流速的 3.1 倍；在紧邻孔板下游靠近洞壁四周存在约为洞径 2 倍长的回流区，回流区内的最大回流流速约 7.0m/s，高达断面平均流速的 0.73 倍。在主流核心外围流速梯度大，流速分布极不均匀。比较两级孔板洞室沿程的断面流速分布变化情况可知，两级孔板洞室沿程各断面流速分布的恢复快慢存在明显差异。第 Ⅰ 级孔板洞室内距离孔板 2.5D 处断面中心附近的最大流速为 18.41m/s，相应的断面流速分布不均匀系数为 1.92；第 Ⅱ 级孔板洞室内距离孔板 2.5D 处断面中心附近的最大流速为 13.10m/s，相应的断面流速分布不均匀系数为 1.36。第 Ⅱ 级孔板洞室后半部分的断面流速分布比第 Ⅰ 级孔板洞室后半部分的断面流速分布更加均匀，可见不同的孔板来流条件对孔板洞室的流态及流速分布有明显的影响，孔板前来流流速分布的改变将引起孔板后回流长度及断面流速分布恢复快慢发生变化。

4.2.4　影响因素

　　通过试验结果及分析可知，水流流经孔板时受到孔板的限制挤压收缩，在孔板后形成淹没射流，淹没射流与孔板后周围的水体相互剪切，迅速扩散直至主流扩展到隧洞的全断面而重新贴附于泄洪洞边壁。孔板管道主流重新贴附洞壁的位置到孔板之间，其孔口射流圆柱体与隧洞周壁间构成封闭的环状旋涡回流区。该旋滚回流区水流紊动剪切强烈，是孔板消耗水流能量的主要原因。

　　一般而言，孔板后旋滚回流区的范围越大，其消能效果越好。孔板后旋滚回流区的范

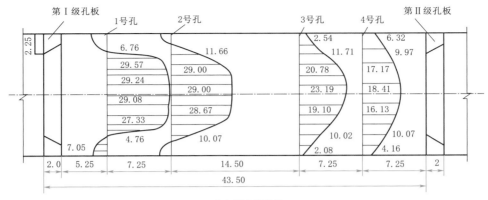

（a）第Ⅰ级孔板

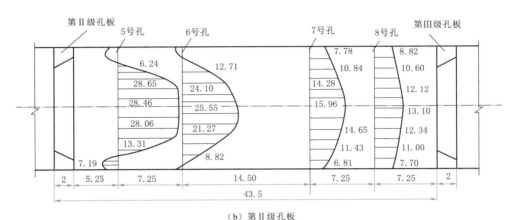

（b）第Ⅱ级孔板

图 4-7　多级孔板洞室的断面流速分布（单位：m）

围大小则随孔板洞的水流条件和孔板体型的变化而变化。显然，孔板后旋滚回流区的宽度主要取决于孔板的孔径体型，孔径比越小，孔板后的旋滚回流区宽度越大。而旋滚回流区的长度则随来流条件和孔板体型参数变化，通过数值模拟的方法分析旋滚回流区的长度与来流雷诺数和孔板体型参数的关系，认为对于单级孔板而言，在孔板体型已经确定的条件下，当管道水流雷诺数小于 10^5 时孔板后回流区的长度随水流雷诺数的增大而有所增长；当管道水流雷诺数大于 10^5 时孔板后回流区的长度基本趋于稳定，水流雷诺数对回流区长度的影响已可以忽略。对于常见的方形孔板、锐缘孔板和圆角孔板在水流雷诺数大于 1.8×10^5 的条件下，孔板后回流区相对长度与孔径比的关系曲线如图 4-8 所示，三种不同形状的孔板其旋滚回流区长度都随着孔径比的增大而缩短，即孔径比越大，孔板后的回流长度越小。由图 4-8 可知，对于三种常见的孔板形状在孔径比相同的情况下，锐缘孔板的回流区长度最大，圆角孔板的回流区长度次之，方形孔板的回流区长度最小，可见改变孔板体型也会引起孔板后回流区长度变化。

多级孔板泄洪洞在孔板间距足够大，各级孔板后的水流具有足够的恢复长度的条件下，其孔板洞室的水流形态应与单级孔板的水流流动形态的差别不大。在孔板间距受到限

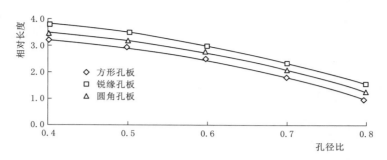

图 4 - 8　孔板后回流区相对长度与孔径比的关系曲线

制的情况下孔板洞室内仍然维持单级孔板的水流流态，流动特性不会明显变化，但将导致不同流动特征区域大小及形状发生变化。图 4 - 7 中根据断面纵向流速分布标示了两级孔板后回流区长度，第 I 级孔板后回流区相对长度 L_1/D 为 1.82，而第 II 级孔板后回流区相对长度 L_2/D 为 0.92。尽管两级孔板的体型参数完全相同，在流量不变的情况下第 II 级孔板后的回流区长度约为第 I 级孔板后回流区长度的二分之一。引起两级孔板后回流区长度出现明显差异的原因在于第 II 级孔板前的来流受到了第 I 级孔板的影响。第 I 级孔板前来流稳定，水流紊动较弱。第 II 级孔板前来流受到第 I 级孔板的干扰，水流紊动加剧，致使第 II 级孔板前来流流速分布不均匀性及水流脉动强度增加，使水流经过第 II 级孔板后得到了更加充分的混掺和调整，从而加快了第 II 级孔板后淹没射流的横向扩散，断面流速分布的不均匀性减小，回流区长度缩短。

　　此外，通过物理模型试验还观测得到了两级孔板不同孔板间距对应的平均回流区长度（表 4 - 1）。其中，试验模型的隧洞内径为 10.3cm，孔径比为 0.69，锐缘孔板的孔缘倾角为 30°，孔板厚径比为 0.14。表 4 - 1 中同时给出单级孔板的平均回流区长度。单级孔板的回流区长度明显大于两级孔板的回流区长度。两级孔板的间距越小，孔板后回流区的长度越短，可见对于多级孔板泄洪洞在孔板间距小于 4.5D 的情况下，孔板间距的大小将会引起孔板洞室内的水流流动结构分区边界的明显变化。

表 4 - 1　　　　　　　　　　不同孔板间距对应的平均回流区长度

孔板间距	2.5D	3.0D	4.5D	单级孔板
回流区长度	0.8D	0.92D	1.25D	1.87D

　　综上所述，时均流速分布极不均匀和水流流动的强紊动性是孔板内消能工水流流场的明显特征。孔板孔口下游的势流核心区轴向时均流速高，而孔板后靠近洞壁附近存在狭长的逆向流动的回流区，混合区内轴向时均流速梯度大，断面流速分布极不均匀。流经孔口的主流与周围水体发生强剪切流动，孔板后水流，特别是强剪切带内的水流紊动剧烈、脉动能量大，这种水流的强紊动性正是孔板消能工具有良好消能效果的反映。来流条件、孔板间距以及孔径比、孔口形状等孔板体型参数的改变都会引起孔板泄洪洞段流场内的势流区、混合区和回流区边界位置、区域大小及水流紊动强度发生变化，从而影响孔板消能工的消能效果和水流空化特性。

4.3 动水压强

孔板泄洪洞段的动水压强特性包括时均压强特性和脉动压强特性两个部分。时均压强是泄洪水流在时间平均意义上施加于孔板洞室结构表面上的动水压强，孔板洞室的压强分布与水流流动状况密切相关，多级孔板泄洪洞段的时均压强沿程变化可以基本反映水流经过每一级孔板所耗损能量的概况。脉动压强体现了洞室边壁附近水流的紊动强弱，是泄洪水流作用于结构上的动力荷载。较大的脉动压强不但可能引起洞室结构的振动，还可能加剧孔板洞室发生空蚀破坏的风险。

4.3.1 时均压强

多级孔板泄洪洞的时均压强分布是孔板洞室水流流动状态沿程变化和能量损失在过流边界上的综合反映，孔板前后恢复断面的时均压强的下降幅度在一定程度上直接反映了孔板消能工的消能效果。

以小浪底工程1号孔板泄洪洞为例，在其几何比尺为1:40的孔板洞段减压模型上一共布置了16个压强测点，测点的间距为0.5倍洞径，即7.25m，在其基础上对孔板式内消能工的动水压强特性进行测试分析。库水位分别为275.00m、250.00m、230.00m和220.00m时孔板段各个测点的时均压强模型试验结果见表4-2，孔板段壁面时均压强沿程分布如图4-9所示。从图4-9和表4-2可知，不同库水位运行情况下多级孔板段时均压强的沿程变化规律基本一致，各个测点的时均压强都随着库水位的上升而增大。在水流流经每一级孔板时由于收缩孔口的过流断面减小，其水流流速迅速增大，随之时均压强急剧减小。由于水流的剪切、紊动作用，孔口后主流逐渐扩散向孔板洞边壁靠近，主流流动断面不断扩大，断面最大流速减小，其流速分布逐渐均匀化，孔板洞室边壁的时均压强逐渐增大。第Ⅰ级孔板处时均压强下降幅度最大，其后直到靠近第Ⅱ级孔板前，孔板消能

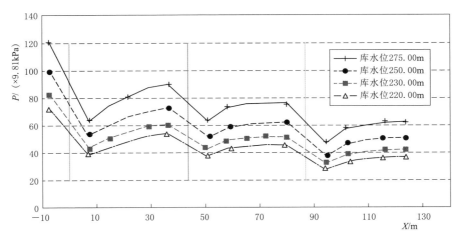

图4-9 孔板段壁面时均压强沿程分布（模型试验）

室边壁的时均压强一直处于增大的趋势；第Ⅱ级孔板和第Ⅲ级孔板处时均压强下降幅度相对较小，在孔板下游约 2 倍洞径处其孔板消能室边壁的时均压强已经基本达到稳定值，在 2 倍洞径以下，边壁时均压强的大小已无明显变化。

表 4-2　孔板段各个测点的时均压强模型试验结果

测点编号	X/m	$P/(\times 9.81\mathrm{kPa})$			
		库水位为 275.00m 时	库水位为 250.00m 时	库水位为 230.00m 时	库水位为 220.00m 时
1 号	-7.25	121.39	100.01	82.50	72.83
2 号	7.25	63.20	52.42	43.51	38.42
3 号	14.50	74.47	59.70	51.07	44.31
4 号	21.75	81.26	66.4	56.09	49.18
5 号	29.00	87.52	70.33	59.04	52.07
6 号	36.25	90.45	73.47	61.17	54.23
7 号	50.75	63.65	51.75	43.04	37.71
8 号	58.00	72.77	57.88	49.17	42.78
9 号	65.25	75.55	60.49	50.83	45.10
10 号	72.50	76.37	62.29	52.03	45.84
11 号	79.75	76.79	62.53	52.05	45.95
12 号	94.25	47.06	38.07	32.15	28.56
13 号	101.50	57.61	45.93	38.30	33.40
14 号	108.75	60.3	48.92	40.50	36.01
15 号	116.00	62.18	50.35	41.79	36.96
16 号	123.25	62.71	50.86	42.22	37.27

为了更准确地掌握小浪底工程 1 号孔板泄洪洞的动水压强特性，经过多方协调在工程原型上的典型位置处亦进行了动水压强的测量。压强测点共布置了 10 个，原型Ⅲ级孔板泄洪洞段压强测点布置如图 4-10 所示。

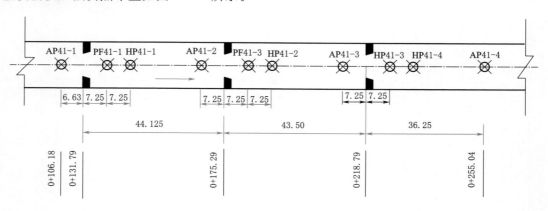

图 4-10　原型Ⅲ级孔板泄洪洞段压强测点布置图（单位：m）

　　弧形控制闸门全开和相对孔口开度分别为 70%、80% 和 90%，库水位 210.23m、249.15m 运行情况下孔板段时均压强原型观测结果分别见表 4-3、表 4-4，不同闸门开度泄洪时孔板段时均压强沿程变化如图 4-11 所示。由表 4-3 和图 4-11 可知，闸门不同固定开度情况下，孔板洞段洞壁时均压强的沿程变化规律相同，在各级孔板环后的回流剪切消能区，洞壁测点动水压强显著降低；随着孔板环后水流分离区的结束，水流重新附壁；固壁糙率对流速分布的调整使剪切消能弱化，在到达下一级孔板前洞壁的动水压强逐渐回升并趋于稳定状态。在上游水位恒定的条件下，闸门开度越小，孔板泄洪洞的流量和洞内水流流速减小，孔板洞段边壁的时均压强反而越大。库水位 234.10m 弧形控制闸门全开情况下孔板段时均压强原型观测结果见表 4-5，不同水位闸门全开情况下Ⅲ级孔板

表 4-3　　　　　　　　库水位 210.23m 孔板段时均压强原型观测结果

| 测点编号 | X/m | \multicolumn{4}{c}{P/($\times 9.81$kPa)} |
		闸门相对开度为 70% 时	闸门相对开度为 80% 时	闸门相对开度为 90% 时	闸门相对开度为 100% 时
PF41-1	7.25	52.99	47.48	40.31	33.90
PF41-2	14.50	54.87	50.07	43.81	38.43
AP41-2	36.25	59.05	55.56	51.02	47.77
PF41-3	50.75	53.97	48.01	40.79	36.31
PF41-4	58.00	55.00	49.83	43.62	39.43
AP41-3	79.75	55.85	51.06	45.06	41.11
PF41-5	87.00	47.23	39.53	30.15	24.30
PF41-6	96.25	49.04	42.66	34.38	28.13
PF41-7	101.50	50.62	44.53	36.71	31.04
AP41-4	123.15	52.03	46.19	38.78	33.66

表 4-4　　　　　　　　库水位 249.15m 孔板段时均压强原型观测结果

| 测点编号 | X/m | \multicolumn{4}{c}{P/($\times 9.81$kPa)} |
		闸门相对开度为 70% 时	闸门相对开度为 80% 时	闸门相对开度为 90% 时	闸门相对开度为 100% 时
PF41-1	7.25	52.99	47.48	40.31	33.90
PF41-2	14.50	54.87	50.07	43.81	38.43
AP41-2	36.25	59.05	55.56	51.02	47.77
PF41-3	50.75	53.97	48.01	40.79	36.31
PF41-4	58.00	55.00	49.83	43.62	39.43
AP41-3	79.75	55.85	51.06	45.06	41.11
PF41-5	87.00	47.23	39.53	30.15	24.30
PF41-6	96.25	49.04	42.66	34.38	28.13
PF41-7	101.50	50.62	44.53	36.71	31.04
AP41-4	123.15	52.03	46.19	38.78	33.66

表 4 - 5　库水位 234.10m 弧形控制闸门全开情况下孔板段时均压强原型观测结果

测点编号	PF41 - 1	PF41 - 2	AP41 - 2	PF41 - 3	PF41 - 4	PF41 - 6	PF41 - 7	AP41 - 4
X/m	7.25	14.5	36.25	50.75	79.75	96.25	101.5	123.26
$P/(\times 9.81kPa)$	41.79	45.69	64.68	47.24	55.28	38.85	41.71	45.07

洞段时均压强沿程变化如图 4 - 12 所示。可见，三级孔板洞室的边壁时均压强在孔板后急剧下降，随后逐渐增大，在靠近下一级孔板前达到最大值。上游水位越高，孔板段隧洞边壁的时均压强越大。图中同时给出了模型几何比尺为 1∶40 的水工模型在上游水位 250.00m，闸门全开泄洪情况下的实测时均压强，将物理模型压强测点与原型压强测点的位置高差按照断面压力符合静压分布的假设进行修正后，与库水位 249.15m 的原型观测结果总体符合良好。相比较而言，在孔板后的强剪切回流区内原型与物理模型测得的时均压强值相差较大，其最大相对误差接近 7%；在孔板洞室后半部水流恢复段原型中的时均压强与模型对应部位的时均压强的相对误差小于 3%，即对应部位时均压强大小非常相近。通过比较原型观测资料和物理模型试验的时均压强测量结果可以看出，模型试验能较好地反映原型多级孔板泄洪洞的动水压强特性，但在水流的强分离区内两者的误差相对偏大。

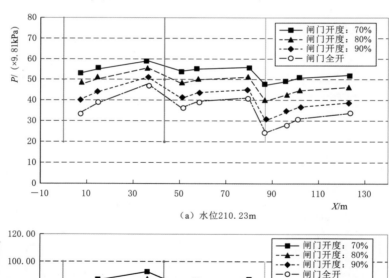

（a）水位210.23m

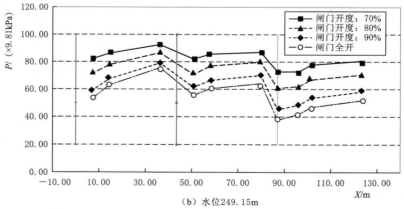

（b）水位249.15m

图 4 - 11　不同闸门开度泄洪时孔板段时均压强沿程变化

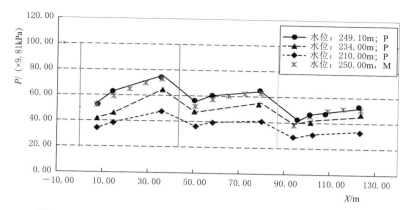

图 4-12 不同库水位闸门全开情况下孔板段时均压强沿程变化

4.3.2 压力系数

假设多级孔板泄洪洞的压力段出口为自由射流状态,则出口收缩断面的流态可近似为均匀流,断面时均压强接近为 0。以多级孔板泄洪洞压力段出口中心为基准,在多级孔板段任取一个断面与出口收缩断面之间建立能量守恒方程

$$\frac{p_i}{\gamma}+\frac{\alpha_i V_i^2}{2g}+Z_i=\frac{\alpha_0 V_0^2}{2g}+Z_0+\frac{h}{2}+\sum h_i \qquad (4-3)$$

式中:p_i 为孔板洞室段某一断面的压强;V_i 为孔板洞室段某一断面的平均流速;Z_i 为孔板洞室段某一断面的高程;α_i 为孔板洞室段某一断面的动能修正系数;V_0 为出口收缩断面的平均流速;α_0 为出口收缩断面动能修正系数,可近似取 1.0;Z_0 为出口断面底部高程;h 为出口孔口高度;$\sum h_i$ 为洞室某一断面至出口收缩断面之间总的水头损失。

一般情况下多级孔板洞室的内径为 D 保持不变,于是可得到

$$\frac{p_i}{\gamma}+Z_i-Z_0-\frac{h}{2}=\frac{A_i^2}{A_0^2}\frac{V_i^2}{2g}-\frac{\alpha_i V_i^2}{2g}+(\sum \zeta_i+\xi_f)\frac{V_i^2}{2g}+\zeta_c\frac{A_i^2}{A_c^2}\frac{V_i^2}{2g} \qquad (4-4)$$

式中:A_i 为孔板洞室的断面面积;A_0 为出口收缩断面的断面面积;A_c 为出口段的平均断面面积;$\sum \zeta_i$ 为自 $i-i$ 断面到出口之间孔板的局部水头损失系数之和;ξ_f 为沿程水头损失系数;ζ_c 为出口段局部水头损失系数。

以孔板洞室段某测点相对于闸门出口中心高程以上的压力水头与洞内流速水头之比定义孔板段的压力系数 C_{pi}

$$C_{pi}=\frac{\dfrac{p_i}{\gamma}+Z_i-Z_0-\dfrac{h}{2}}{\dfrac{V_D^2}{2g}} \qquad (4-5)$$

式中:C_{pi} 为压力系数;p_i/γ 为压力水头,m;Z_i 为测点高程,m;Z_0 为弧门底挑坎处高程,m;V_D 为洞内平均流速,m/s。

比较式(4-4)和式(4-5)可知,孔板段压力系数 C_{pi} 的表达式可改写为

$$C_{pi} = \left(\frac{A_i}{A_0}\right)^2 - \alpha_i + \sum \zeta_i + \xi_f + \zeta_c \left(\frac{A_i}{A_c}\right)^2 \qquad (4-6)$$

对于孔板泄洪洞洞内水流，压力水头的损失主要是由孔板环处形状阻力导致的局部水头损失，洞身相对较短，洞身固壁糙率影响产生的沿程水头损失相对较小，可以忽略。故有

$$C_{pi} = \left(\frac{A_i}{A_0}\right)^2 - \alpha_i + \sum \zeta_i + \zeta_c \left(\frac{A_i}{A_c}\right)^2 \qquad (4-7)$$

因此，孔板泄洪洞段的压力系数主要取决于洞内孔板洞即出口段的体型和洞室断面的流速分布形态，而洞内边壁的糙率、库水位及流量的大小对孔板段的压力系数影响不大。在模型几何比尺为 1:40 的水工模型试验资料的基础上，根据式（4-7）计算得到的小浪底工程 1 号孔板泄洪洞孔板段压力系数见表 4-6，原型观测资料整理得到的孔板段压力系数见表 4-7。将根据原型观测资料与模型试验资料整理得到的孔板段压力系数绘制成图，孔板段压力系数的原型观测和模型试验结果比较如图 4-13 所示，可以看出，原型观测中各测点的压力系数与物理模型试验测得的压力系数值比较接近，平均偏差小于 2%，原型压力系数分布与模型试验结果基本一致；不同库水位泄流时孔板洞段的压力系数均落在同一曲线上，说明压力系数与水位无关。此外，从压力系数的沿程变化规律来看，在水流流经孔板时水流集中，主流核心区外围为回流区，断面流速分布极不均匀，断面动能修正系数急剧增大，引起压力系数迅速减小；在回流区后断面流速分布趋于均化，断面动能修正系数减小，压力系数相应逐渐增大。

表 4-6　　　　　　　　　　　　模型试验孔板段压力系数

测点编号	X/m	C_p			
		库水位为 275.00m 时	库水位为 250.00m 时	库水位为 230.00m 时	库水位为 220.00m 时
1 号	−7.25	20.78	20.97	21.14	21.01
2 号	7.25	10.86	11.05	11.22	11.16
3 号	14.50	12.77	12.55	13.13	12.83
4 号	21.75	13.92	13.94	14.39	14.21
5 号	29.00	14.98	14.75	15.13	15.02
6 号	36.25	15.47	15.39	15.66	15.62
7 号	50.75	10.90	10.86	11.04	10.89
8 号	58.00	12.44	12.12	12.58	12.32
9 号	65.25	12.91	12.66	13.00	12.98
10 号	72.50	13.04	13.02	13.29	13.17
11 号	79.75	13.11	13.07	13.28	13.19
12 号	94.25	8.03	7.96	8.21	8.20
13 号	101.50	9.82	9.58	9.76	9.57
14 号	108.75	10.27	10.20	10.31	10.31

测点编号	X/m	C_p			
		库水位为 275.00m 时	库水位为 250.00m 时	库水位为 230.00m 时	库水位为 220.00m 时
15 号	116.00	10.58	10.49	10.62	10.57
16 号	123.25	10.67	10.59	10.72	10.64

表 4 - 7   原型观测孔板段压力系数

测点编号	X/m	C_p		
		库水位为 210.23m 时	库水位为 234.10m 时	库水位为 249.15m 时
PF41 - 1	7.25	11.15	10.29	11.33
PF41 - 2	14.50	12.35	11.04	13.20
AP41 - 2	36.25	15.56	15.79	16.01
PF41 - 3	50.75	11.89	11.58	11.78
PF41 - 4	58.00	12.57	—	12.60
AP41 - 3	79.75	13.29	13.42	13.51
PF41 - 6	96.25	8.90	9.28	8.69
PF41 - 7	101.50	9.84	10.02	9.71
AP41 - 4	123.15	10.87	10.93	10.88

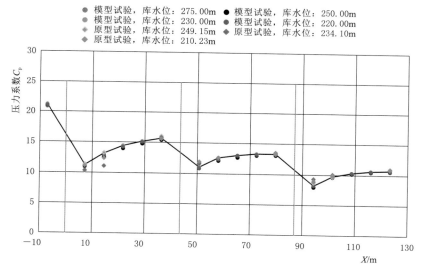

图 4 - 13   孔板段压力系数原型观测和模型试验比较

    总的来说，原型观测成果和模型试验结果一致表明三级孔板洞室边壁上沿程时均压强分布具有相同的变化规律，孔板后时均压强急剧降低，随后沿程逐渐增大且渐趋平缓。闸门全开泄流条件下原型与物理模型对应部位的压力系数大小亦十分接近，平均偏差仅约2%，表明物理模型试验测得的压力系数值可以良好反映工程原型的相关参数特征。

4.3.3 脉动压强

水流流经孔板以淹没压力射流的流态进入孔板洞内，主流核心与周围水体由于存在较大的流速梯度发生强剪切作用，水流紊动强烈，也将产生较大的脉动压强。以小浪底工程 1 号孔板泄洪洞工程为例对孔板式内消能工的脉动压强特征进行说明。

需要明确的是，工作闸门的开启和关闭过程中，各测点的脉动压强均随闸门开度的变化而变化，此过程中所有的统计特性都随时间（闸门开度）在变化，是一个非平稳的随机过程。因此对于闸门开启和关闭过程中各测点的脉动压强的特性，首先将各测点的时均压强变化过程从压力时间过程中滤除，然后进行脉动压强非平稳随机过程的数据处理，这里采用三次 B 样条函数拟合时变均值和时变均方根值的方法。

假设以时间间隔为 Δt，离散化的 n 个数组组成的非平稳时间序列 $\{z(t)\}$ 的时变均值，可以用一个确定性函数 $c(t)$ 来表示

$$\{z(t)\} = c(t) + \{y(t)\} \quad t \subset [a, b] \tag{4-8}$$

式中：$\{y(t)\}$ 为一个均值为 0 的随机过程。

对上式取均值（总体平均）

$$\{z(t)\} = c(t) + E\{y(t)\} = c(t) \tag{4-9}$$

即

$$E\{z(t) - c(t)\} = 0 \tag{4-10}$$

设 $c(t)$ 可以用一个定义在 $[a, b]$ 区间内的三次样条函数来拟合，即

$$c(t) = \sum_{i=1}^{N+1} C_i \phi_3 \left(\frac{t - t_0}{h} - i \right) \tag{4-11}$$

$$t_i = a + ih \tag{4-12}$$

$$h = \frac{b - a}{N} \tag{4-13}$$

式中：$\phi_3(t)$ 为三次 Schoenberg 样条函数；N 为样条函数在 $[a, b]$ 区间上的等分点数；C_i 为待定系数。

令消去 $c(t)$ 后的时间序列 $\{z(t_i) - c(t_i)\}(i = 0, 1, \cdots, N)$ 的方差达到最小，而得到 $N + 2$ 个方程构成的方程组

$$\sum_{j=1}^{N+1} C_j \sum_{i=1}^{n} \phi_3 \left(\frac{t_i - t_0}{h} - j \right) \phi_3 \left(\frac{t_i - t_0}{h} - l \right) = \sum_{i=1}^{n} y_i^2 \phi_3 \left(\frac{t_i - t_0}{h} - l \right), \ l = -1, 0, 1, \cdots, N+1 \tag{4-14}$$

由式（4-14）确定 C_i，进而确定 $c(t)$，再由式（4-8）就可求得 $\{y(t)\}$。

假设时间序列 $\{y(t)\}$ 的时变均方根值可以用一个确定性函数 $A^2(t)$ 来表示

$$\{y(t)\} = A(t)\{x(t)\} \tag{4-15}$$

式中：$\{x(t)\}$ 为一个均方值为 1 的随机过程。

对式（4-15）求均方值（总体平均），就有

$$E\{y^2(t)\}=A^2(t)E\{x^2(t)\}=A^2(t) \tag{4-16}$$

即

$$E\{y^2(t)-A^2(t)\}=0 \tag{4-17}$$

因此，取 $A^2(t)$ 可以用一个定义在 $[a，b]$ 区间内的三次样条函数来拟合的情况下，同样可以用上述方法确定 $A^2(t)$，利用式（4-16）就可求得 $\{x(t)\}$。用通常的平稳随机过程数据处理频谱分析方法来处理功率谱 $G_x(f)$ 和相关函数 $R_x(\tau)$，那么原始时间序列 $\{z(t)\}$ 的功率谱为

$$G(f,t)=A^2(t)G_x(f) \tag{4-18}$$

相关函数为

$$R_z(\tau,t)=A^2(t)R_x(\tau) \tag{4-19}$$

可以按上述方法处理的非平稳时间序列，称为局部平稳的随机过程。

显然，小浪底工程1号孔板泄洪洞在闸门启闭运行时，孔板洞段的脉动压强呈现明显的非平稳随机过程特征，可按照上述方法进行脉动压强特征的分析研究。当库水位为249.15m时，弧门连续启闭过程中孔板洞段各测点脉动压强特征值统计见表4-8，弧门开启过程典型测点的脉动压强及脉动压强均方根值随时间变化过程如图4-14所示，弧门关闭过程典型测点的脉动压强及脉动压强均方根值随时间变化过程如图4-15所示。由上述测值可知，在弧门连续开启过程中，随着孔板洞内流量和流速的增大，各测点脉动压强的幅值和均方根值均随之增大，表明脉动压强值与孔板泄洪洞内流速大小直接相关。当弧门全部开启时，第Ⅰ级孔板后1倍洞径处（PF41-2测点）的脉动压强均方根值最大，其值为50.6kPa。而位于3号孔板环孔缘处的脉动压强幅值最大，其弧门开度达到全开时的最大脉动压强幅值为259.8kPa，相应的脉动压强均方根值为39.5kPa，且明显偏离正态分布。弧门连续关闭过程中孔板泄洪洞脉动压强随闸门开度的变化特征与弧门连续开启过程中的变化特征基本相反，即随着弧门开度减小，洞内流速降低，流速水头减小而时均压强增大，脉动压强则由于水流紊动强度降低而减小。

表 4-8　　　弧门连续启闭过程中孔板洞段各测点脉动压强特征值统计

测点编号	弧门连续开启过程		弧门连续关闭过程	
	最大幅值/kPa	最大均方根值/kPa	最大幅值/kPa	最大均方根值/kPa
PF41-1	155.4	40.5	129.0	33.6
PF41-2	198.3	50.6	185.4	43.4
AP41-2	95.4	29.7	72.4	25.0
PF41-4	136.1	33.4	118.1	31.8
AP41-3	81.7	17.5	76.4	18.3
PF41-5	259.8	39.5	128.1	35.9
PF41-6	79.5	27.8	80.6	24.3
PF41-7	83.4	28.5	85.4	25.9
AP41-4	67.7	18.6	51.7	13.6

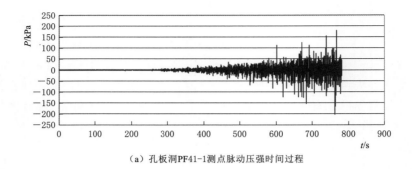

（a）孔板洞PF41-1测点脉动压强时间过程

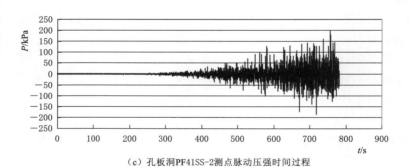

（b）孔板洞PF41-1测点脉动压强均方根值随时间过程

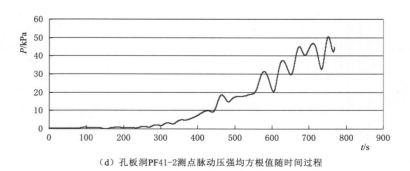

（c）孔板洞PF41SS-2测点脉动压强时间过程

（d）孔板洞PF41-2测点脉动压强均方根值随时间过程

图 4-14（一）　弧门开启过程典型测点的脉动压强及脉动压强均方根值随时间变化过程

154

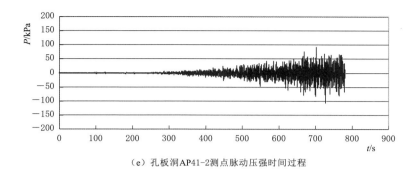

（e）孔板洞AP41-2测点脉动压强时间过程

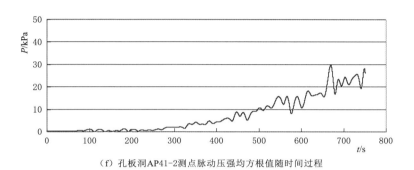

（f）孔板洞AP41-2测点脉动压强均方根值随时间过程

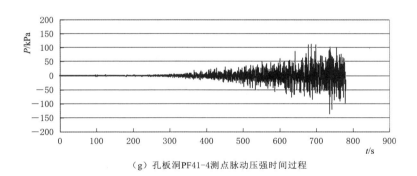

（g）孔板洞PF41-4测点脉动压强时间过程

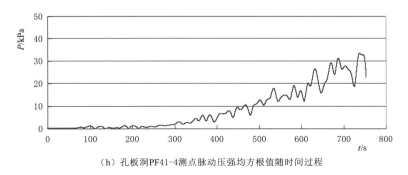

（h）孔板洞PF41-4测点脉动压强均方根值随时间过程

图4-14（二） 弧门开启过程典型测点的脉动压强及脉动压强均方根值随时间变化过程

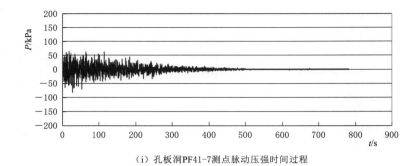

（i）孔板洞PF41-7测点脉动压强时间过程

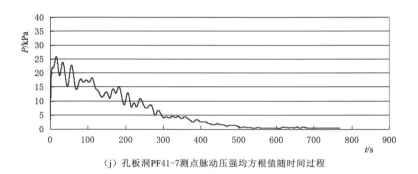

（j）孔板洞PF41-7测点脉动压强均方根值随时间过程

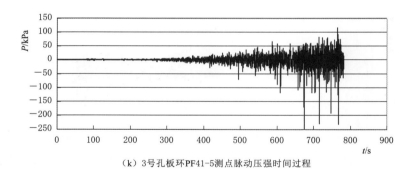

（k）3号孔板环PF41-5测点脉动压强时间过程

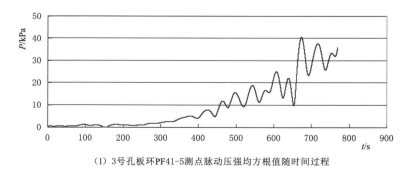

（l）3号孔板环PF41-5测点脉动压强均方根值随时间过程

图 4-14（三）　弧门开启过程典型测点的脉动压强及脉动压强均方根值随时间变化过程

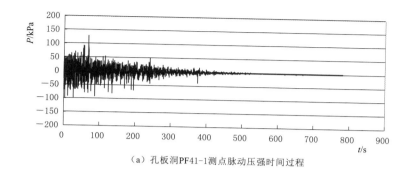

（a）孔板洞PF41-1测点脉动压强时间过程

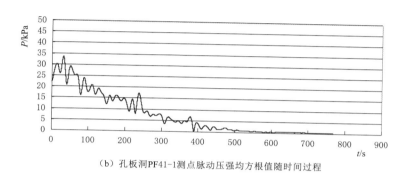

（b）孔板洞PF41-1测点脉动压强均方根值随时间过程

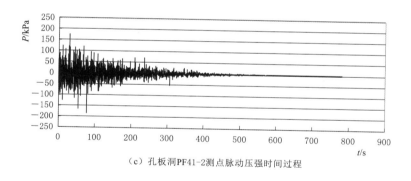

（c）孔板洞PF41-2测点脉动压强时间过程

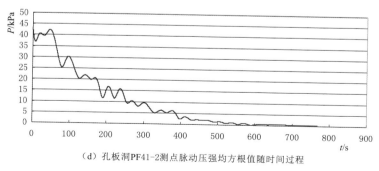

（d）孔板洞PF41-2测点脉动压强均方根值随时间过程

图 4-15（一） 弧门关闭过程典型测点的脉动压强及脉动压强均方根值随时间变化过程

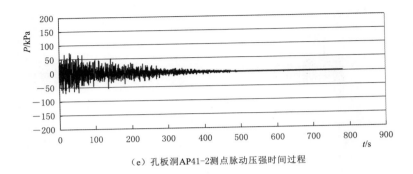

（e）孔板洞AP41-2测点脉动压强时间过程

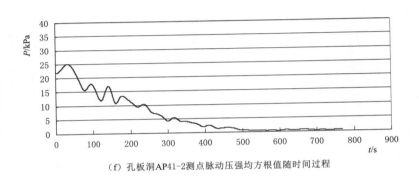

（f）孔板洞AP41-2测点脉动压强均方根值随时间过程

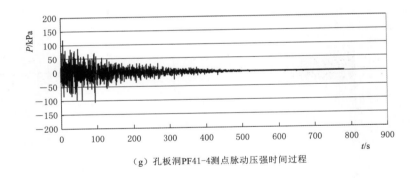

（g）孔板洞PF41-4测点脉动压强时间过程

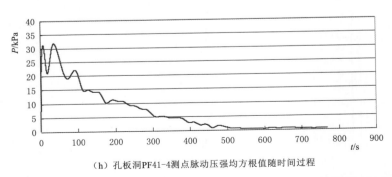

（h）孔板洞PF41-4测点脉动压强均方根值随时间过程

图 4－15（二）　弧门关闭过程典型测点的脉动压强及脉动压强均方根值随时间变化过程

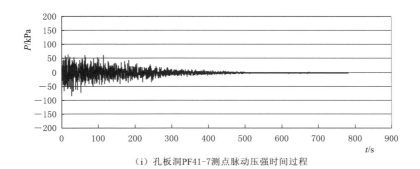

（i）孔板洞PF41-7测点脉动压强时间过程

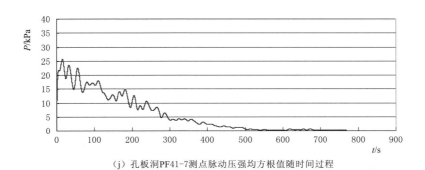

（j）孔板洞PF41-7测点脉动压强均方根值随时间过程

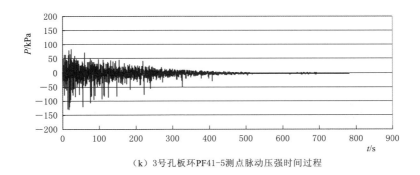

（k）3号孔板环PF41-5测点脉动压强时间过程

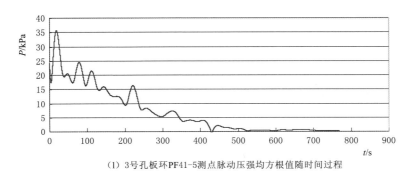

（l）3号孔板环PF41-5测点脉动压强均方根值随时间过程

图4-15（三） 弧门关闭过程典型测点的脉动压强及脉动压强均方根值随时间变化过程

　　库水位 249.15m 时，闸门全开泄流情况下实测孔板段典型测点的动水压强时间变化过程如图 4-16 所示。可见，各个测点的动水压强以时均压强为中心剧烈脉动，将脉动压强按照各态历经的随机信号进行分析处理得到不同闸门开度泄流情况下的脉动压强均方根值（表 4-9）。可见，工作弧门的开度越大，孔板洞段各部位脉动压强的均方根值也越大；工作弧门全开时孔板泄洪洞的下泄流量最大，洞内流速高，水流紊动强度大，其各部

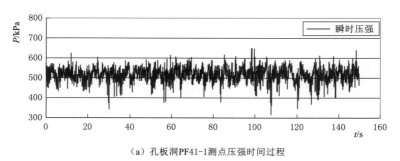

（a）孔板洞PF41-1测点压强时间过程

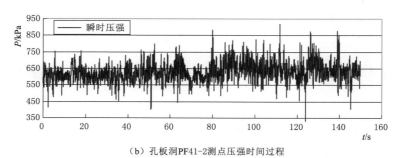

（b）孔板洞PF41-2测点压强时间过程

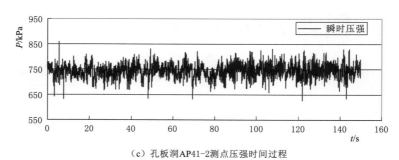

（c）孔板洞AP41-2测点压强时间过程

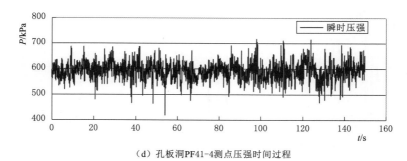

（d）孔板洞PF41-4测点压强时间过程

图 4-16（一）　典型测点的动水压强时间变化过程

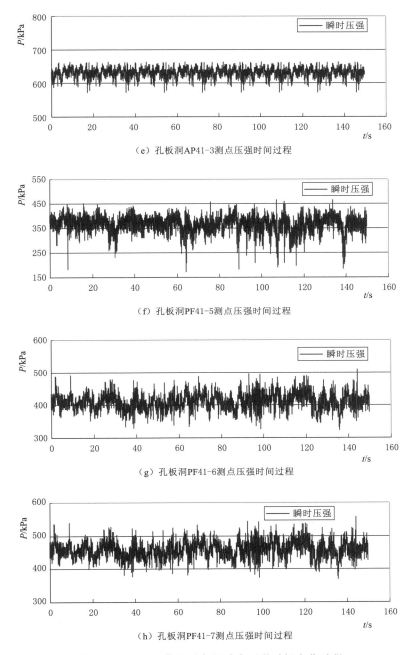

（e）孔板洞AP41-3测点压强时间过程

（f）孔板洞PF41-5测点压强时间过程

（g）孔板洞PF41-6测点压强时间过程

（h）孔板洞PF41-7测点压强时间过程

图 4-16（二）　典型测点的动水压强时间变化过程

位脉动压强的均方根值也最大。对各测点测得的脉动压强进行横向比较发现，在工作弧门全开过流工况下，各级孔板后 1D 位置处测点测得的脉动压强最大，三级孔板后洞壁PF41-2、PF41-4 和 PF41-7 测点的最大脉动压强均方根值依次为 50.9kPa、28.2kPa和 24.2kPa。

表 4-9   库水位 249.15m 泄流时的脉动压强均方根值

X/D	σ/kPa			
	弧门开度为 70% 时	弧门开度为 80% 时	弧门开度为 90% 时	弧门开度为 100% 时
0.50	17.4	21.4	26.5	39.3
1.00	20.1	29.6	38.3	50.9
2.50	13.5	17.6	21.2	24.3
4.00	16.6	20.4	24.1	28.2
5.50	10.4	11.8	12.7	16.5
6.00	18.7	22.6	26.8	32.7
6.64	14.1	17.1	19.7	22.6
7.00	14.9	18.6	20.6	24.2
8.49	9.7	10.4	10.3	18.5

　　库水位 210.23m、234.10m 和 249.15m 时，工作弧门全开泄流时原型实测的脉动压强资料整理得到脉动压强均方根值见表 4-10。总体来看，库水位升高，孔板泄洪洞内的脉动压强均方根值也随之增大。孔板后脉动压强均方根值的沿程变化如图 4-17 所示，1:70 物理模型脉动压强试验资料见表 4-11，图 4-17 中同时给出了几何比尺为 1:70 的小浪底工程孔板泄洪洞水工模型在库水位为 250.00m，闸门全开泄流条件下的脉动压强试验测量结果。比较原型观测成果与物理模型试验测得的脉动压强试验结果可以看出：三级孔板后洞室边壁上脉动压强大小的沿程变化规律基本一致，每一级孔板洞内脉动压强均方根值的沿程变化均呈驼峰形分布，即：孔板后脉动压强均方根值沿程增大，达到某一峰值后则沿程减小，并逐渐趋于稳定。而不同洞室的峰值测点与孔板的距离则有明显的区别：在第 I 级孔板后约 1.0D 处脉动压强最大，而第 II 级孔板和第 III 级孔板后的最大脉动压强则出现在孔板后 0.5D 至 1.0D 之间。此外，利用模型试验也对脉动压强峰值位置进行了测试，结果发现模型试验实测的最大脉动压强出现在第 II 级孔板后 0.75D 处，与原

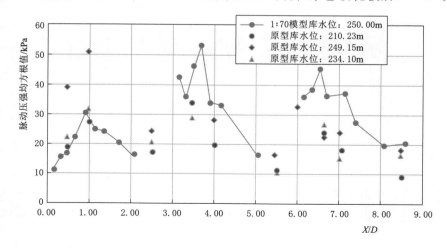

图 4-17　孔板后脉动压强均方根值的沿程变化

型观测成果的最大脉动压强出现于第Ⅰ级孔板后的约 1.0D 处明显不同，此外，对应部位脉动压强的绝对值也存在明显的差异。

表 4-10   不同库水位闸门全开泄流时脉动压强均方根值

X/D	σ/kPa		
	库水位为 210.23m 时	库水位为 234.10m 时	库水位为 249.15m 时
0.50	18.77	22.10	39.3
1.00	27.02	32.04	50.9
2.50	17.31	20.74	24.3
4.00	33.94	29.24	28.2
5.50	19.83	—	16.5
6.00	11.39	10.70	32.7
6.64	23.97	26.59	22.6
7.00	18.24	15.46	24.2
8.49	9.75	16.94	18.5

表 4-11   1:70 物理模型脉动压强试验资料

X/D	σ/kPa	$C_{P'}$	X/D	σ/kPa	$C_{P'}$	X/D	σ/kPa	$C_{P'}$
0.17	11.67	0.074	3.17	42.61	0.270	6.17	36.24	0.230
0.35	15.71	0.100	3.35	36.07	0.229	6.35	38.79	0.247
0.52	16.64	0.106	3.52	46.03	0.292	6.52	45.30	0.287
0.70	22.33	0.142	3.70	53.11	0.337	6.70	36.63	0.232
0.93	30.54	0.194	3.93	34.41	0.218	7.16	37.46	0.238
1.16	25.00	0.159	4.16	33.27	0.211	7.39	27.22	0.173
1.39	24.53	0.156	5.09	16.28	0.103	8.09	19.46	0.123
1.74	20.68	0.131				8.57	20.39	0.129
2.09	16.47	0.104						

    总的来看，孔板后分离区涡体的紊动是孔板泄洪洞压强脉动的主要原因，在各级孔板后洞壁表面的脉动压强变化较大，三级孔板后洞壁脉动压强沿程变化过程与时均压强呈相反的趋势，孔板室的前部脉动压强较大，后部脉动压强相对较小。

    将脉动压强均方根值与相应孔板环处的流速水头之比定义为脉动压强系数 $C_{P'}$，则有

$$C_{P'} = \frac{\sigma}{\frac{V_d^2}{2g}} \tag{4-20}$$

    根据原型观测结果和模型试验资料整理得到三级孔板洞室段壁面脉动压强系数的沿程变化过程如图 4-18 所示。可见，孔板后水流最大脉动压力系数为 0.25～0.35，孔板洞室后部水流恢复段其脉动压力系数沿程减小。在三级孔板后 2.5D 处，孔板洞室壁面上的脉动压力系数小于 0.13，压力脉动强度明显降低，这表明孔板环以 3D 间距设置能够基本

保证流速的调整恢复，使每一级孔板环均能比较充分地发挥消能作用。

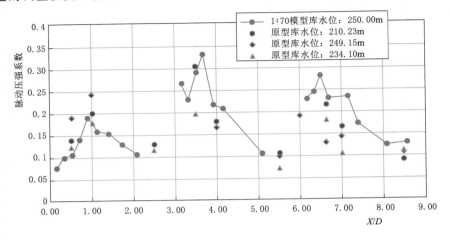

图 4-18　孔板洞室段壁面脉动压强系数的沿程变化过程

　　此外，库水位为 249.15m 时，不同闸门开度泄流时典型测点的脉动压强功率谱曲线如图 4-19 所示。由图可知，脉动压强的能量基本集中在 3.0Hz 的低频范围以内。不同闸门开度泄流时各个测点的脉动压强主频见表 4-12，孔板洞段水流脉动压强的主频基本在 0.3～0.6Hz 之间，闸门开度变化对脉动压强主频无明显影响。

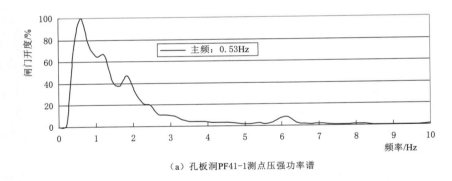

（a）孔板洞PF41-1测点压强功率谱

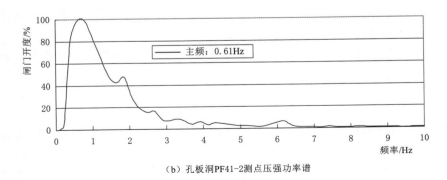

（b）孔板洞PF41-2测点压强功率谱

图 4-19（一）　典型测点的脉动压强功率谱曲线

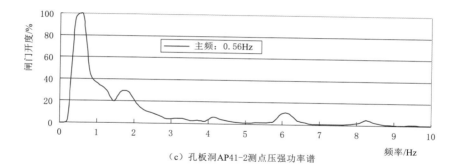

（c）孔板洞AP41-2测点压强功率谱

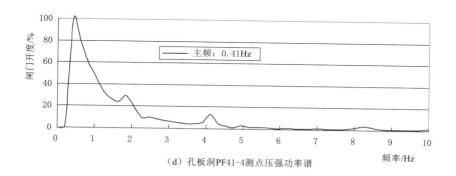

（d）孔板洞PF41-4测点压强功率谱

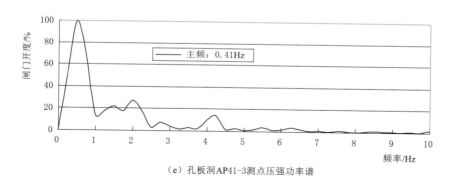

（e）孔板洞AP41-3测点压强功率谱

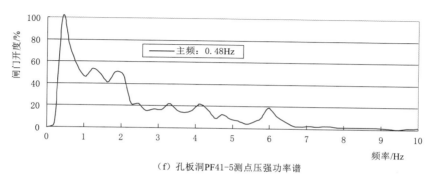

（f）孔板洞PF41-5测点压强功率谱

图4-19（二） 典型测点的脉动压强功率谱曲线

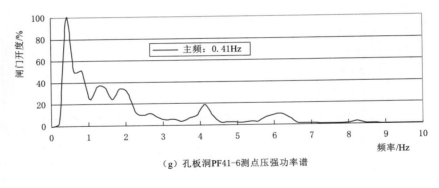

（g）孔板洞PF41-6测点压强功率谱

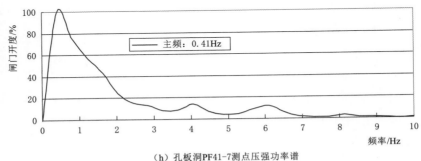

（h）孔板洞PF41-7测点压强功率谱

图 4-19（三）　典型测点的脉动压强功率谱曲线

表 4-12　　　　　　　　库水位 249.15m 泄流时各个测点的脉动压强主频

X/D	f/Hz			
	闸门开度为 70%时	闸门开度为 80%时	闸门开度为 90%时	闸门开度为 100%时
0.50	0.39	0.53	0.39	0.53
1.00	0.51	0.42	0.42	0.61
2.50	0.43	0.41	0.39	0.56
4.00	0.39	0.53	0.43	0.41
5.50	0.30	0.43	0.45	0.41
6.00	0.53	0.41	0.50	0.48
6.64	0.43	0.41	0.39	0.41
7.00	0.42	0.43	0.41	0.41
8.49	0.39	0.41	0.53	0.40

4.4　消能状况

4.4.1　消能系数

孔板消能系数 k 是反映孔板式内消能工消能效果的重要参数，通常定义为孔板前后

的水头损失与流经孔板的流速水头之比，即

$$k_i = \frac{\Delta H_i}{\dfrac{V_{di}^2}{2g}} \qquad\qquad (4-21)$$

式中：k_i 为第 i 级孔板的消能系数；ΔH_i 为经过第 i 级孔板的水头损失；V_{di} 为水流流经第 i 级孔板的孔口断面平均流速。

对于多级孔板泄洪洞，如果孔板洞室段的洞径 D 保持不变，并假设每级孔板上游 $0.5D$ 处断面的水流恢复近似为均匀流，则 ΔH_i 定义为第 i 级孔板前 $0.5D$ 处测点与第 $i+1$ 孔板前 $0.5D$ 处测点间的总测压管水头之差。

不失一般性，以小浪底工程 1 号孔板泄洪洞为例对孔板式内消能工的消能系数特征进行说明。根据小浪底工程 1 号孔板泄洪洞的水力学原型观测资料整理可计算得到库水位分别为 210.23m、234.10m 及 249.15m 时闸门全开泄流时各级孔板的能量损失情况及消能系数（表 4-13）。可见，在闸门全开，库水位分别为 210.23m、234.10m 及 249.15m 的泄流条件下，三级孔板的总水头损失依次达到了 30.69m、42.37m 和 52.40m，分别占相应总水

表 4-13   原型中闸门全开泄流时各级孔板的能量损失情况及消能系数

库水位/m	孔板号	测点	X/D	高程/m	$P/(\times 9.81\mathrm{kPa})$	$\Delta H/\mathrm{m}$	$V_{di}/(\mathrm{m/s})$	k_i
210.23	第Ⅰ级	AP41-1	-0.5	139.20	64.33			
		AP41-2	2.5	138.95	47.97	16.61	16.4	1.21
	第Ⅱ级	AP41-2	2.5	148.50	47.97			
		AP41-3	5.5	138.70	41.52	6.70	14.9	0.59
	第Ⅲ级	AP41-3	5.5	138.70	41.52			
		AP41-4	8.5	138.46	34.38	7.38	14.9	0.65
	$\Sigma\Delta H$					30.69		
234.10	第Ⅰ级	AP41-1	-0.5	139.20	86.7			
		AP41-2	2.5	138.95	64.68	22.27	18.9	1.22
	第Ⅱ级	AP41-2	2.5	148.50	64.68			
		AP41-3	5.5	138.70	55.28	9.65	17.1	0.65
	第Ⅲ级	AP41-3	5.5	138.70	55.28			
		AP41-4	8.5	138.46	45.07	10.45	17.1	0.70
	$\Sigma\Delta H$					42.37		
249.15	第Ⅰ级	AP41-1	-0.5	139.20	1013.7	27.93	20.75	1.27
		AP41-2	2.5	138.95	742.1			
	第Ⅱ级	AP41-2	2.5	148.50	693.78	11.76	18.85	0.65
		AP41-3	5.5	138.70	629.2			
	第Ⅲ级	AP41-3	5.5	138.70	629.2	12.71	18.85	0.70
		AP41-4	8.5	138.46	506.9			
	$\Sigma\Delta H$					52.40		

头的 41％、43％和 46％，显然三级孔板的总水头损失和消能率都随着库水位的升高而增大。究其原因为：随着运行库水位的抬高，泄洪洞的下泄流量随之增大，流经孔板洞的水流流速相应增大，进而使得孔板后主流与周围水体会发生更加强烈的剪切作用，从而增强孔板的消能效果。

进一步对消能系数进行测算发现，第Ⅰ级孔板在三个不同水位时的消能系数分别为1.20、1.22 和 1.27，显然随着库水位的升高呈逐渐增大的趋势；而第Ⅱ级和第Ⅲ级孔板的消能系数则在库水位为 234.00m 以上时即已基本稳定。由此看来，库水位的变化对第Ⅰ级孔板的消能系数具有明显的影响，而对第Ⅱ级孔板和第Ⅲ级孔板的消能系数影响相对较弱。根据三次水力学原型观测的结果可得到三级孔板的平均消能系数依次为 1.23、0.63 和 0.68，按照消能系数大小排序为 $k_1 > k_3 > k_2$，即第Ⅰ级孔板的消能系数最大，第Ⅲ级孔板的消能系数次之，第Ⅱ级孔板的消能系数最小。

根据几何比尺为 1：40 的小浪底工程 1 号孔板泄洪洞水工模型试验得到的不同库水位条件下工作弧门全开泄流时三级孔板对应的消能水头及消能系数见表 4-14。显然，孔板洞段的水头损失与库水位的对应关系与水力学原型观测结果基本一致，即库水位越高，三级孔板的水头损失越大。三级孔板的总水头损失与库水位的关系曲线如图 4-20 所示，可见，三级孔板的总水头损失随库水位升高近似呈线性增加趋势。相比之下，工作弧门全开，不同库水位泄流条件下各级孔板的消能系数变化不大，三级孔板的平均消能系数分别为 1.22、0.64 和 0.67，其大小排序与水力学原型观测结果完全相同。物理模型试验测得的各级孔板消能系数的平均值与原型观测结果的相对误差小于 2％，两者结果吻合良好，

表 4-14　1：40 模型中工作弧门全开泄流时三级孔板对应的消能水头及消能系数

库水位/m	ΔH_1/m	ΔH_2/m	ΔH_3/m	$\Sigma\Delta H$/m	各级孔板消能系数		
					k_1	k_2	k_3
220.00	18.6	8.28	8.68	35.65	1.20	0.64	0.66
230.69	21.33	9.12	9.83	40.28	1.22	0.64	0.69
249.77	26.54	10.94	11.67	49.15	1.25	0.63	0.67
275.00	30.94	13.66	14.08	58.68	1.19	0.64	0.66

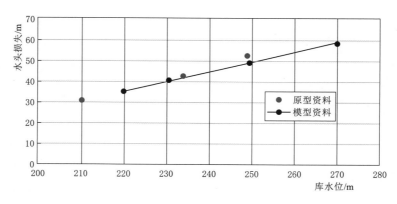

图 4-20　三级孔板的总水头损失与库水位的关系曲线

表明物理模型试验能够良好地反映原型孔板洞段的消能效果。同时进一步证实了在孔板体型已经确定的情况下，当孔板洞内水流雷诺数大于 10^5 时，孔板的消能系数接近一个常数。

4.4.2 局部阻力系数

孔板的局部阻力系数 ζ_i 为

$$\zeta_i = \frac{\Delta H_i}{\dfrac{V_D^2}{2g}} \tag{4-22}$$

式中：V_D 为泄洪洞段的平均流速。

与式（4-21）比较可知，孔板的消能系数与阻力系数之间有如下关系

$$k_i = \zeta_i \beta_i^4 \tag{4-23}$$

因此，孔板的消能系数与局部阻力系数成正比，阻力系数越大，消能效果越好。显然，多级孔板内消能工的消能效果主要与其局部阻力系数的影响因素有关，包括水流雷诺数、孔径比、孔缘形状等。此外，孔板间距也在一定程度上影响孔板式泄洪洞的局部阻力系数及消能效果。

局部阻力系数与雷诺数的关系较为复杂。以过流断面突然变化的锐缘型孔板为例，在孔板前后平直段长度足够的条件下，孔板局部阻力系数与水流雷诺数的关系如图 4-21 所示，图中 ω_0、ω_1 分别为孔板的孔口断面面积和管道断面面积，Re 为流经孔口的水流雷诺数（$Re = V_0 R_0 / \upsilon$）。按照阻力系数随水流雷诺数的变化过程将其划分为三个阶段：①当水流雷诺数较小时，孔板的阻力系数类似层流阶段的沿程阻力系数，其随着水流雷诺数的增大而呈线性减小趋势；②过渡状态，阻力系数与水流雷诺数的对应关系视孔板体型而

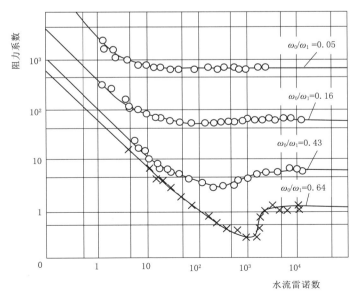

图 4-21 孔板局部阻力系数与水流雷诺数的关系

异；③当水流雷诺数大于 10^4 时，水流进入阻力平方区，孔板的阻力系数 ζ_i 基本不受雷诺数影响，其阻力系数仅取决于孔板的体型。

　　孔板的阻力系数受孔径比 β 的影响十分显著，在孔板上、下游的平直段长度都大于水流恢复均匀流长度的情况下，对于 ASME 标准孔板的局部阻力系数 ζ 与孔径比 β 有如下关系

$$\zeta=\frac{1}{\beta^4}\left(1-\beta^2+0.707\sqrt{1-\beta^2}\right)^2 \qquad (4-24)$$

当孔口顺水流方向呈倒角或倒圆孔的孔缘时

$$\zeta=\frac{1}{\beta^4}\left(1-\beta^2+\sqrt{\zeta'(1-\beta^2)}\right)^2 \qquad (4-25)$$

式中：ζ' 为与孔口修圆半径有关的系数。

　　由式（4-24）计算得到的孔板阻力系数与孔径比的关系曲线如图 4-22 所示。可见，孔板的孔径比越小，其阻力系数越大。此外，在图中还点绘了小浪底工程孔板泄洪洞和大梁水库孔板洞的试验资料。图中所示结果显示，试验资料与计算结果的符合程度良好，相对误差均在 5% 以内。同时可以看出对于这种典型的孔板体型，当孔径比为 0.55～0.75 范围内，孔板的阻力系数与孔径比间的关系可近似线性关系，可按下式估算

$$\zeta=3.97-4.2\beta \qquad (4-26)$$

　　式（4-26）的适用范围为 $0.55\leqslant\beta\leqslant0.75$。显然，孔板的孔径比越大，其阻力系数越小，相应的消能效果越差。

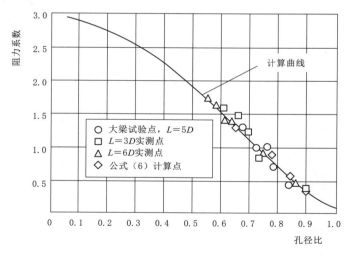

图 4-22　孔板阻力系数与孔径比的关系曲线

　　孔板的内缘形状不同将引起孔板射流轨迹发生变化，从而改变回流范围及水头损失。在保持孔板厚为 $0.14D$，间距 $3.0D$ 的条件下，通过物理模型试验分别测试了四级孔板分别为锐缘型、倒角型和平头型时的消能系数，不同内缘形状孔板的消能系数见表 4-15。可见，在孔径比相同的情况下，锐缘型孔板消能系数最大，平头型孔板的消能系数次之，倒角型孔板的消能系数最小。显然消能系数的大小直接反映了不同孔板形式的水流特征，

锐缘型孔板孔口附近流线急剧弯曲，水流收缩最严重，孔口后的分离范围大，水头损失大，消能效果最好。倒角型孔板水流流经孔口时相对比较顺畅，则消能效果欠佳。

表 4 - 15   不同内缘形状孔板的消能系数

孔板形状	第Ⅰ级		第Ⅱ级		第Ⅲ级		第Ⅳ级	
	β	k	β	k	β	k	β	k
锐缘型	0.69	1.104	0.69	0.735	0.72	0.976	0.72	0.978
倒角型	0.69	0.590	0.69	0.423	0.72	0.449	0.72	0.509
平头型	0.69	0.870	0.69	0.850	0.72	0.780	0.72	0.630

锐缘型孔板具有较好的消能效果，研究资料表明对于锐缘型孔板其孔口内缘削角大小对消能效果有一定影响，当孔口的内缘削角小于 30°时，孔板的消能系数随着削角角度的增大而明显增大；当孔口内缘削角大于 30°时，其削角角度的变化对消能系数的影响微弱。因此，在实际工程中从结构安全考虑，孔板孔口的内缘削角一般可取 30°。

对于小浪底工程 1 号孔板泄洪洞的特点，通过大量的物理模型试验研究，综合消能效果、水流空化特性和结构安全提出的带消涡环的孔板型式如图 4 - 23 所示。这种型式的孔板阻力系数与形状系数的关系也可按下式计算

$$\varphi = 0.5 - 8.3 \frac{r}{d} \tag{4-27}$$

式中：r 为孔口锐缘的修圆半径；d 为孔口直径。

式（4 - 27）的适用范围为 r/d 小于 0.05。

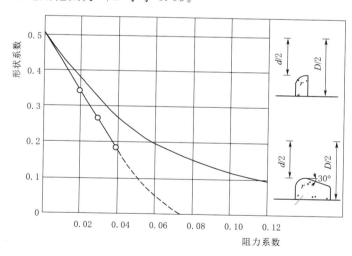

图 4 - 23   孔板阻力系数与形状系数关系曲线

4.4.3 孔板间距的取值

多级孔板内消能工的孔板间距 L 足够长时，其自身并不会对孔板式内消能工的消能率产生影响。但在实际工程中由于空间所限，孔板间距 L 相对较短，致使其可能对上下

游孔板的水流条件及消能效果产生影响。一般来说，孔板间距 L 应取可满足孔板后水流恢复所需的长度为宜。进一步分析认为，当孔板间距过小时，孔板间的消能室不能充分发挥其消能作用，总水头损失下降，消能效果降低。在孔板间距 L 大于水流恢复长度的情况，继续加大孔板间距对其消能效果的影响逐渐减小，以致损耗能量的微量增加不足以匹配工程量的增大。锐缘孔板消能系数 K 与流程的关系曲线如图 4 - 24 所示，可见随着距离的增大，消能系数逐渐趋于稳定，表明孔板的影响范围有限。当多级孔板洞布置时，下一级孔板所处的位置宜布置于上一级孔板消能效率的影响范围之外。锐缘孔板后水流回复长度与孔径比的关系曲线如图 4 - 25 所示，可见孔板后的水流恢复长度与孔径比近似呈线性关系，孔径比越小，孔板后所需水流的恢复长度越大。当 $L/D > 6$ 时，孔板的水头损失基本不再因间距增大而增加。三级孔板平均消能系数与孔板间距的关系如图 4 - 26 所示，其表示相同水流状态和孔板体型情况下，孔板间距分别为 $3D$ 和 $6D$ 的平均消能系数的物理模型试验结果。从图中可以看出，孔板间距为 $3D$ 时三级孔板的平均消能系数明显小于孔板间距为 $6D$ 时的平均消能系数。

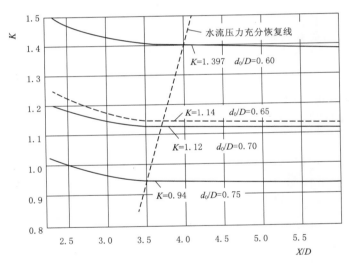

图 4 - 24　锐缘孔板消能系数 K 与流程的关系曲线

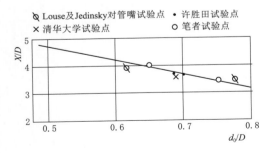

图 4 - 25　锐缘孔板后水流回复长度
与孔径比的关系曲线

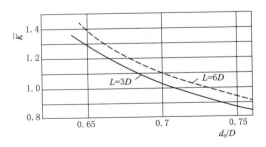

图 4 - 26　三级孔板平均消能系数
与孔板间距的关系

有关确定孔板间距的研究成果较多，根据试验资料提出的估算孔板间距 L 的部分经验公式如下：

（1）大连理工大学提出的经验公式为

$$\frac{L}{D}=1.21-12.43\lg\beta \tag{4-28}$$

该公式的适用范围为 $0.2<\beta\leqslant0.8$。

（2）中国水利水电科学研究院提出的经验公式为

$$\frac{L}{D}=(1-\beta^{1.25})(11.92-5.7\beta^2-0.67\beta) \tag{4-29}$$

该公式的适用范围为 $\beta\leqslant0.8$。

（3）黄河水利委员会黄河水利科学研究院提出的经验公式为

$$\frac{L}{D}=6.275-3.5\beta \tag{4-30}$$

该公式的适用范围为 $0.5<\beta\leqslant0.75$。

（4）清华大学提出的经验公式为

$$\frac{L}{D}=\frac{\beta^2-1.61\beta+0.7}{0.052-0.045\beta} \tag{4-31}$$

该公式的适用范围为 $0.2<\beta\leqslant0.75$。

不同经验公式的计算结果比较见表 4-16。显然，在孔径比 β 相同的条件下不同经验公式的计算结果存在一定的差异。从有利于恢复水流均匀流状态，充分发挥孔板消能作用的角度考虑，在布置空间允许的条件下宜选用较大的孔板间距。

表 4-16　　不同经验公式的计算结果比较

孔径比 β		0.50	0.55	0.60	0.65	0.70	0.75	0.80
计算结果	式（4-28）	4.95	4.44	3.97	3.54	3.14	2.76	2.41
	式（4-29）	5.89	5.17	4.47	3.78	3.11	2.48	1.88
	式（4-30）	—	4.35	4.18	4.00	3.83	3.65	
	式（4-31）	4.92	4.29	3.76	3.34	3.07	3.01	—

4.5　空化特性

孔板式消能工通过孔板迫使洞内压力水流在短距离内急剧收缩，在孔板后形成淹没射流流态，具有钝体强分离的水流特征，其水流初生空化不仅与过孔射流形成的强剪切流空化有关，还需要考虑孔口收缩水流曲率所形成的低压区的影响。孔口后的淹没射流与周围水体交界区域为强剪切流，在紊动剪切层往往伴生大量的旋转涡体，旋转涡体中心压力小，当水流中的某些区域处于高速低压环境时，将在剪切层内诱发空化水流。对于孔板前未设消涡环的情况，主流收缩脱离洞壁在孔板前的角隅处不时形成的带状涡管，其涡管时隐时现，时强时弱，具有一定的随机性，高速旋转的涡心随水流拖入孔口附近亦可促使水流空化，是孔板附近的另一个空化源，故孔板的水流空化特性非常复杂。

4.5.1　水流空化数

多级孔板的水流空化数为

$$\sigma_n = \frac{\dfrac{p_n}{\gamma} + \dfrac{p_a}{\gamma} - \dfrac{p_v}{\gamma}}{\dfrac{V_{dn}^2}{2g}} \qquad (4-32)$$

式中：σ_n 为第 n 级孔板的水流空化数；p_n/γ 为第 n 级孔板前 $0.5D$ 处洞顶时均压强，m 水柱；V_{dn} 为水流流经第 n 级孔板孔口的平均流速；p_a/γ 为当地大气压强；p_v/γ 为相应水温的蒸汽压强，m 水柱。

根据孔板段压力系数的定义，由式（4-5）得到第 n 级、第 $n+1$ 级孔板前 $0.5D$ 处的洞顶压强为

$$\frac{p_n}{\gamma} = C_{pn} \frac{V_D^2}{2g} - Z_n + Z_0 + \frac{h_0}{2} \qquad (4-33)$$

将式（4-33）代入式（4-32）整理得到

$$\sigma_n = C_{pn} \beta_n^4 - \frac{2g\varphi}{V_{dn}^2} \qquad (4-34)$$

$$\varphi = Z_n - Z_0 - \frac{h_0}{2} - \frac{p_a}{\gamma} + \frac{p_v}{\gamma} \qquad (4-35)$$

式中：φ 与多级孔板洞段及出口的布置、体型及位置高程有关。由于压力系数 C_{pn} 也仅与多级孔板洞段及出口的布置、体型及位置高程有关，故孔板的水流空化数随孔板洞段及出口的布置、体型及流经孔板的流速大小变化。对于具体工程，在多级孔板段及出口的布置和体型已经确定的条件下，其 φ 为常数，当 $\varphi < 0$ 时，孔板的水流空化数随流经孔板的流速加大而增大；当 $\varphi > 0$ 时，则孔板的水流空化数随流经孔板的流速加大而减小。而相邻两级孔板的水流空化数与其压力系数的关系为

$$\frac{\sigma_n}{\beta_n^4} - \frac{\sigma_{n+1}}{\beta_{n+1}^4} = C_{pn} - C_{pn+1} - \frac{2g(Z_n - Z_{n+1})}{V_D^2} \qquad (4-36)$$

利用第 n 级孔板前 $0.5D$ 处的压力系数 C_{pn} 减去第 $n+1$ 级孔板前 $0.5D$ 处的压力系数 C_{pn+1} 有

$$C_{pn} - C_{pn+1} = \zeta_n + \Delta\xi_f \qquad (4-37)$$

式中：ζ_n 为第 n 级孔板的局部水头损失系数；$\Delta\xi_f$ 为第 n 级孔板至第 $n+1$ 级孔板之间的沿程水头损失系数。故有

$$\frac{\sigma_n}{\beta_n^4} - \frac{\sigma_{n+1}}{\beta_{n+1}^4} = \zeta_n - \Delta\xi_f - \frac{2g(Z_n - Z_{n+1})}{V_D^2} \qquad (4-38)$$

如果多级孔板洞段的纵坡按照沿程水头损失与位置落差相平衡进行布置，则孔板局部水头损失系数与水流空化数之间的简化关系为

$$\zeta_n = \frac{\sigma_n}{\beta_n^4} - \frac{\sigma_{n+1}}{\beta_{n+1}^4} \qquad (4-39)$$

下面以小浪底工程 1 号孔板泄洪洞为例对孔板式内消能工的水流空化数特征进行说明。如前所述，小浪底工程 1 号孔板泄洪洞进口高程 175.00m，设进口检修门通过龙抬头式的连接段与原导流洞连接，孔板洞的内径 14.50m。孔板洞压力段包括龙抬头段和孔板消能段。龙抬头段是导流洞改建成孔板洞时进水塔和导流洞之间的连接段，其洞径为 12.5m，衬砌厚 1.5m，竖向转角 50°。孔板消能段是孔板泄洪洞的核心部位，处在龙抬头段和中闸室段之间，在长为 134.25m 的消能段布置了三级孔板，孔板间距为 43.5m，为三倍的洞径。经大量试验研究论证，三级孔板均采用不同的孔径比（环形孔板的内径 d 和泄洪洞内径 D 之比）和不同的孔缘半径 R，即：Ⅰ级、Ⅱ级、Ⅲ级孔板孔径比 d/D 分别为 0.69、0.724、0.724，孔缘半径 R 分别为 0.02m、0.2m、0.3m。孔板厚均为 2.0m，孔板前的根部还设有 1.2×1.2m 的消涡环。孔板消能段中除设置孔板的部位衬砌厚为 2.0m 外，其余的洞身段混凝土衬砌厚均为 1.0m。压力洞出口段分成 2 孔，内设 2 扇偏心铰弧形工作门，单闸孔面积为 25.92m² (4.8×5.4m)，闸室中墩长 82.0m，为适应水流流态，中墩逐渐收缩，收缩坡度 $i=0.0159$。为消除边墙的负压，两侧边墙采用 $i=0.0109$ 扩散方式，其扩散长度与中墩末端在同一桩号，长为 54.35m。

根据小浪底工程 1 号孔板泄洪洞模型比尺为 1:40 的水工模型试验资料，由式 (4-34) 计算得到闸门全开情况下不同水位泄流时各级孔板的水流空化数（表 4-17）。可见，在库水位保持不变的情况下，三级孔板的水流空化数依次减小，孔板的消能作用有效降低了下一级孔板前的动水压强。三级孔板的水流空化数随着库水位的上升均呈缓慢减小的变化趋势，库水位位于 220.00~275.00m 之间时，其各级孔板的水流空化数变化不大。

表 4-17　　　　　　　　　　闸门全开情况下不同水位泄流时各级孔板的水流空化数

部位	库水位/m	Q/(m³/s)	V_{dn}/(m/s)	C_{pn}	β	φ	σ_n
Ⅰ级孔板	275	1772	22.57	20.81	0.69	−4.03	4.872
	250	1603	20.42	20.81	0.69	−4.03	4.907
	230	1451	18.48	20.81	0.69	−4.03	4.948
	220	1368	17.43	20.81	0.69	−4.03	4.977
Ⅱ级孔板	275	1772	20.47	15.48	0.724	−4.31	4.455
	250	1603	18.52	15.48	0.724	−4.31	4.500
	230	1451	16.77	15.48	0.724	−4.31	4.554
	220	1368	15.81	15.48	0.724	−4.31	4.592
Ⅲ级孔板	275	1772	20.47	13.16	0.724	−4.58	3.830
	250	1603	18.52	13.16	0.724	−4.58	3.878
	230	1451	16.77	13.16	0.724	−4.58	3.936
	220	1368	15.81	13.16	0.724	−4.58	3.976

根据三次原型观测资料整理得到小浪底工程 1 号孔板泄洪洞在上游水位为 210.23m、234.10m 及 249.15m 时，不同闸门开度泄流情况下各级孔板的水流空化数见表 4-18~表 4-20。在水流空化数的计算中当地大气压强按孔板洞段的高程估算，p_a/γ 的值为 10.096m 水柱；水的饱和蒸汽压强按水温为 15℃时取，p_v/γ 的值为 0.172m 水柱。比较

表 4-17～表 4-20 可知，在闸门全开的泄流状态下，各级孔板对应的水流空化数相差不大，其最大相对误差约为 3%，表明在多级孔板泄洪洞体型确定的情况下，利用式（4-34）估算各级孔板的水流空化数具有足够的精度。三级孔板的水流空化数与闸门孔口开度的关系曲线如图 4-27 所示，各级孔板在不同库水位下的水流空化数与闸门孔口开度之间具有良好的相关关系，随着闸门孔口开度增大，孔板泄洪洞下泄流量和流速增大，三级孔板的水流空化数均逐渐减小。同一级孔板在不同的库水位下，其水流空化数与闸门开度的对应关系基本位于同一条曲线附近，表明库水位小幅变化对孔板附近水流空化数的影响不甚明显。

表 4-18　库水位 210.23m 时不同闸门开度泄流情况下各级孔板的水流空化数

$\dfrac{e}{h}$	$Q/(m^3/s)$	$p_1/\gamma/(m\ 水柱)$	$p_2/\gamma/(m\ 水柱)$	$p_3/\gamma/(m\ 水柱)$	σ_1	σ_2	σ_3
1.00	1290	56.14	40.71	34.44	4.80	4.47	3.92
0.92	1202	57.13	43.96	38.39	5.61	5.48	4.91
0.82	1081	58.39	48.49	44.39	7.07	7.35	6.83
0.71	924	59.82	51.99	49.18	9.88	10.66	10.17

表 4-19　库水位 234.10m 时不同闸门开度泄流情况下各级孔板的水流空化数

$\dfrac{e}{h}$	$Q/(m^3/s)$	$p_1/\gamma/(m\ 水柱)$	$p_2/\gamma/(m\ 水柱)$	$p_3/\gamma/(m\ 水柱)$	σ_1	σ_2	σ_3
1.00	1486	78.28	55.81	47.96	4.83	4.38	3.85
0.90	1362	79.80	61.01	53.8	5.85	5.62	5.05
0.88	1335	80.11	62.07	55.19	6.11	5.94	5.37
0.84	1278	80.72	64.19	57.97	6.71	6.67	6.11
0.82	1248	81.03	65.24	59.86	7.06	7.09	6.59

表 4-20　库水位 249.15m 时不同闸门开度泄流情况下各级孔板的水流空化数

$\dfrac{e}{h}$	$Q/(m^3/s)$	$p_1/\gamma/(m\ 水柱)$	$p_2/\gamma/(m\ 水柱)$	$p_3/\gamma/(m\ 水柱)$	σ_1	σ_2	σ_3
1.00	1601	92.36	67.80	56.50	4.82	4.46	3.81
0.90	1466	92.73	71.89	62.91	5.77	5.59	4.98
0.80	1310	96.09	79.32	72.58	7.47	7.64	7.07
0.70	1137	97.50	85.31	79.74	10.05	10.83	10.19

4.5.2　初生空化数

孔板消能工附近水流的动水压强随着流速增大而逐渐降低，当流场内某一部位的动水压强降低至小于水体气核维持稳定的临界压强（通常认为是水温相应的蒸汽压强）的环境下，将导致水体内气核的快速发育膨胀而诱发空化水流。这种孔板附近水流由于动水压强降低使水体单相连续流动开始转变为含空泡的水气两相流的临界状态的现象称之为初生空

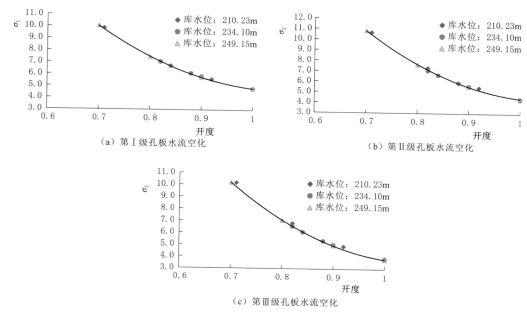

（a）第Ⅰ级孔板水流空化　　　　　　（b）第Ⅱ级孔板水流空化

（c）第Ⅲ级孔板水流空化

图 4－27　三级孔板的水流空化数与闸门孔口开度的关系曲线

化。减压试验发现对于不设消涡环的孔板，其主要空化源有两个，一处空化源为孔板上游角隅处的漩涡空化，孔板前的角隅处主流与边界分离，不时形成形似蚯蚓状的涡管，其涡管时有时无、时隐时现、时大时小，具有较强的随机性，强度较大的涡管由于涡心高速旋转，使得压强降低诱发空泡，随水流带入孔板下游溃灭。该空化源可以通过在孔板前设置消涡环予以消除，小浪底水利枢纽工程的三级孔板泄洪洞采取在孔板前角隅处增设消涡环的措施消除了孔板前角隅处的漩涡空化。试验研究表明结构体型合理的消涡环不仅能够消除孔板前的漩涡空化，而且可以适当增强孔板的消能效果。小浪底工程 1 号孔板泄洪洞Ⅱ级孔板的消涡环尺寸对阻力系数的影响如图 4－28 所示，可以看出，加设消涡环后孔板阻

力系数 ζ 明显增大，最多可增加 0.2，约占阻力系数的 9%，其消涡环的最优尺寸为 $2b/(D-d)=$ 0.55～0.62。另一处空化源为孔板下游射流的强剪切带，即在孔口后收缩断面附近射流周围伴随剪切水流产生的涡体而随机出现空泡，其空化形态多呈片状，持续时间短暂。在初生空化阶段间歇出现的空泡基本位于剪切层内，随着流速增大或真空度升高，水流空化进一步发展，形成持续密集的空泡团，并有部分空泡卷入回流区内。孔板后淹没射流产生的空化类似于钝体分离水流空化，在水质相同的条件下，其特定体型的初生空化数往往视来流条件的不同而异，非常复杂。

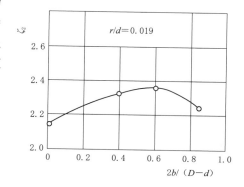

图 4－28　消涡环尺寸对阻力系数的影响

孔板附近水流处于初生空化状态所对应的水流空化数定义为初生空化数，即

$$\sigma_c = \cfrac{\dfrac{p_c}{\gamma} + \dfrac{p_a}{\gamma} - \dfrac{p_v}{\gamma}}{\dfrac{V_{dc}^2}{2g}} \tag{4-40}$$

式中：σ_c 为孔板的初生空化数；p_c 为水流开始出现空化现象时孔板上游 $0.5D$ 处的隧洞顶部的时均压强；V_{dc} 为水流初生空化状态下孔板孔口的断面平均流速。

影响孔板水流初生空化的因素众多，不仅涉及孔板体型、尺寸等几何边界条件和水流的压强、流速、脉动强度等水力要素，还与水的黏性、表面张力、水温等物理指标以及水体的气核含量、气核大小、分布状态等水质特性有关，十分复杂。对于具体工程而言，由于自然水流的水质特性比较稳定，一般情况下在保持水质处于稳定的状态下可以忽略其影响。

小浪底工程 1 号孔板泄洪洞三级孔板的厚径比均为 0.138，第 Ⅰ 级孔板的孔径比 β_1 为 0.69，孔口端部 r_1/d_1 为 0.02；第 Ⅱ 级孔板的孔径比 β_2 为 0.724，孔口端部 r_2/d_2 为 0.2；第 Ⅲ 级孔板的孔径比 β_3 为 0.724，孔口端部 r_3/d_3 为 0.2。经模型几何比尺为 $1:40$ 减压模型试验测得的三级孔板的初生空化数见表 4-21。从表中数据可以看出，在库水位相同的情况下三级孔板的初生空化数依次减小，即第 Ⅰ 级孔板的初生空化数最大，第 Ⅱ 级孔板的初生空化数次之，第 Ⅲ 级孔板的初生空化数最小。各级孔板的初生空化数都随着库水位的升高而增大，三级孔板的初生空化数与库水位的关系曲线如图 4-29 所示。此外，库水位越低，各级孔板的初生空化数随水位的变化速率越大。

表 4-21　　　　　　　　　　三级孔板模型试验的初生空化数

第 Ⅰ 级		第 Ⅱ 级		第 Ⅲ 级	
库水位/m	σ_c	库水位/m	σ_c	库水位/m	σ_c
220.05	4.575	220.05	4.325	218.50	3.850
238.50	5.055	236.00	4.725	228.00	4.081
244.50	5.170	242.50	4.775	251.80	4.365
266.50	5.300	260.00	4.925	267.40	4.560
274.50	5.375	273.00	4.974	274.00	4.651
280.00	5.400	280.00	4.990	280.00	4.701

小浪底工程 1 号孔板泄洪洞在库水位 249.15m 时闸门连续开启过程中，不同孔板附近实时监测水流噪声信号的三分之一倍频程（CPB）曲线随时间变化如图 4-30 所示，以 31.5kHz、80kHz 及 125kHz 中心频率的声压级随闸门开启时间的变化过程如图 4-31 所示；闸门连续关闭过程中不同孔板附近实时监测水流噪声信号的三分之一倍频程（CPB）曲线随时间变化，如图 4-32 所示，中心频率为 31.5kHz、80kHz 及 125kHz 的噪声声压级随闸门关闭时间的变化过程，如图 4-33 所示。从图 4-30～图 4-33 可以看出，在闸门连续开启和关闭过程中，N2 测点和 N3 测点水流噪声信号在高频段的声压级均存在有突然升高或急剧下降的突变现象，闸门开启至某一开度时其水流噪声信号的声压级发生突然增大，闸门关闭到某一开度时其水流噪声信号的声压级突然减小，这种水流噪声高

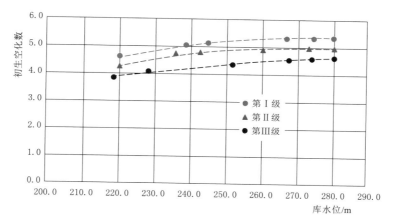

图 4-29 三级孔板的初生空化数与库水位的关系曲线

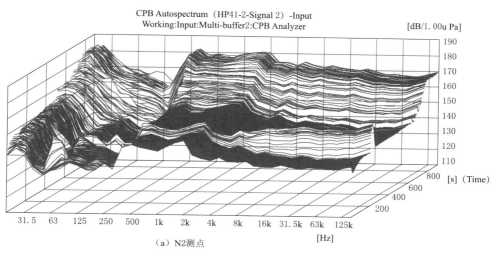

（a）N2测点

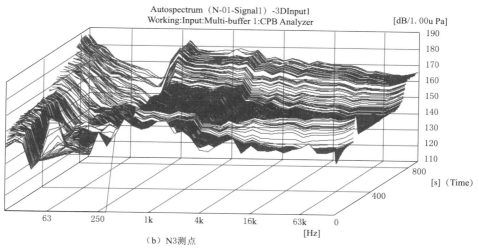

（b）N3测点

图 4-30 闸门连续开启过程中典型测点水流噪声频谱曲线变化

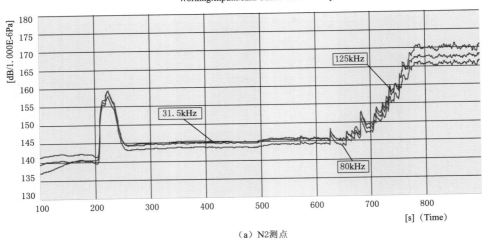

（a）N2测点

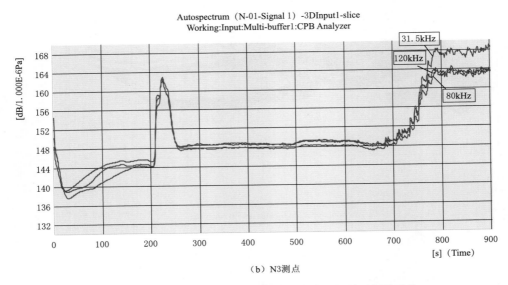

（b）N3测点

图 4-31　闸门连续开启过程中水流噪声声压级随时间的变化

频段信号大幅度的变化特征反映了孔板洞内的空化水流状态。闸门开启过程中水流高频噪声声压级突然增大表示孔板附近开始发生空化水流；而在闸门关闭过程中水流高频噪声声压级突然降低表示孔板附近的空化水流因流速降低和压力增大而消失。

以闸门开启和关闭过程中水流噪声信号在高频段声压级突然变化幅度大于 5.0～7.0dB 作为发生水流空化的临界判别界限，原型观测得库水位分别约 210.23m、234.10m 及 249.15m 的情况下，小浪底工程 1 号孔板泄洪洞各级孔板发生空化水流对应的闸门孔口相对开度见表 4-22，显然，在库水位相同的情况下，闸门开启过程中各级孔板水流发生空化时对应的孔口开度均大于闸门关闭过程中其孔板水流空化消失时刻所对应的孔口开

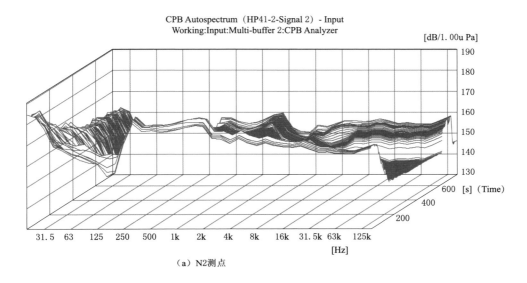

（a）N2测点

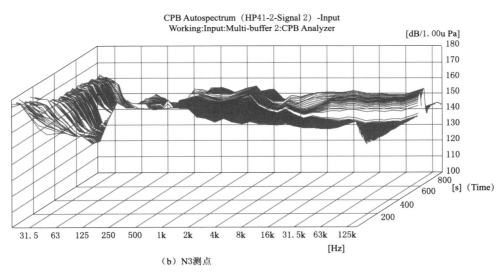

（b）N3测点

图 4-32　闸门连续关闭过程中典型测点水流噪声频谱曲线变化

度。按照惯例将闸门开启过程中各级孔板水流开始发生空化现象的水流空化数称为初生空化数，将闸门关闭过程中各级孔板水流空化现象消失时刻的水流空化数称为消失空化数，初生空化数和消失空化数统称为临界空化数。经整理计算得到 1 号孔板泄洪洞三级孔板的初生空化数和消失空化数与库水位的对应关系见表 4-23，临界空化数与库水位的对应关系如图 4-34 所示。可见，三级孔板的初生空化数和消失空化数都随着库水位的升高而增大，且消失空化数与库水位之间的相关关系良好，初生空化数的变化无明显规律。同时，各级孔板的消失空化数均大于其相应条件下的初生空化数，这种现象反映了水流空化机理与水流流动特性的关系。闸门开启过程中水流处于无空化状态，当流速增大，动水压强降低至相应的水体的汽化压强时水流开始发生空化；而闸门关闭过程中水流已经处于空化状

181

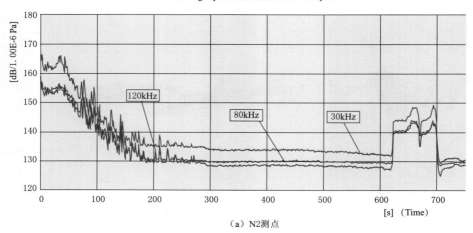

（a）N2测点

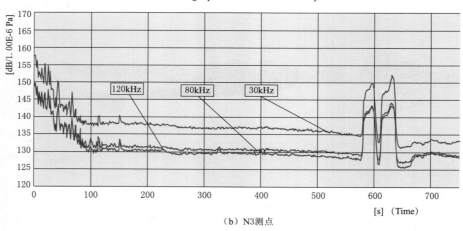

（b）N3测点

图 4 - 33　闸门连续关闭过程中水流噪声声压级随时间的变化

态，随着闸门开度减小，水流流速减慢，动水压强增大，以致压强高于相应水体汽化压强时水流空化现象消失。水流空化往往引起压强脉动增强，导致水流瞬时动水压强降低，从而使水流空化过程进一步延续。从等温条件下液体和气体的化学势随压强的变化关系分析消失空化数大于初生空化数的物理原因，认为物质发生相变时遵循从具有较高化学势的相向具有较低化学势的相的方面转化的原则，初生空化时其流场内的最小压强应约小于水体的汽化压强，而空化消失时流场内的最小压强应约大于水体的汽化压强，因此，消失空化数对应的流场最小压强应约大于初生空化数对应的最小压强。因此，在结构体型和水流条件相同的情况下，消失水流空化数约大于其初生空化数，且以消失空化数作为水流是否发生空化水流的判断标准似乎能够更好把握孔板洞内水流的空化状态。

表 4 - 22   各级孔板发生空化水流对应的闸门孔口相对开度

库水位/m	孔口相对开度					
	闸门开启过程			闸门关闭过程		
	Ⅰ级口	Ⅱ级口	Ⅲ级口	Ⅰ级口	Ⅱ级口	Ⅲ级口
210.23	0.88	0.90	0.90	0.84	0.85	0.85
234.10	0.85	0.87	0.87	0.83	0.84	0.84
249.15	0.84	0.85	0.85	0.82	0.84	0.84

表 4 - 23   原型观测的临界水流空化数

库水位/m	初生空化数			消失空化数		
	σ_{01}	σ_{02}	σ_{03}	σ_{01}	σ_{02}	σ_{03}
210.23	6.04	5.56	5.04	6.79	6.45	5.90
234.10	6.50	6.09	5.31	6.96	6.62	6.12
249.15	6.68	6.49	5.49	7.09	6.75	6.21

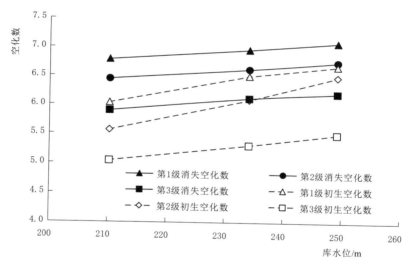

图 4 - 34　临界空化数与库水位的对应关系

　　水力学原型观测中 1 号孔板泄洪洞三级孔板消能工的体型已经固定不变，库水位的升高使得孔板洞的作用水头变大，在闸门开度不变的条件下通过孔板洞的流量及水流流速都相应增大。孔板处水流边界突变，使水流急剧收缩扩散，孔板附近水流紊动强烈，其紊动强度与经过孔板的水流流速大小密切相关。通过孔板的水流流速增大，势必导致其水流的时均压强降低，水流脉动压强幅度增大，从而影响水流的空化特性，故三级孔板的初生空化数都随着库水位的升高而增大。各级孔板的消失空化数与运行水位近似呈线性增大，而初生空化数分布比较分散，没有明显的规律，出现这种现象的原因还不清楚，有待进一步的深入研究。

4.5.3　初生空化的缩尺效应

以小浪底工程1号孔板泄洪洞为例对初生空化的缩尺效应进行分析。其中，在原型观测中是通过闸门开度的变化来测定初生空化数和消失空化数的。由于两者相差较小，且消失空化数能更好地反映水流空化的临界状态，因此选择消失空化数作为原型观测中测得的广义的初生空化数进行分析。

对1号孔板泄洪洞1：40的减压模型试验测定的各级孔板的初生空化数和原型观测得到的初生空化数进行比较（图4-35）。从图中可以看出，减压模型试验和原型观测的结果一致表明各级孔板的初生空化数均随着库水位的升高而增大，但两者也存在明显的差异。根据原型观测资料确定的各级孔板的初生空化数明显大于减压模型试验测得的相应孔板的初生空化数；原型孔板的初生空化数与库水位近似呈线性关系，模型孔板的初生空化数与库水位成曲线变化。这种相同的体型由于物体尺寸大小及水流参数变化使得初生空化数发生改变的现象归因于缩尺效应对水流空化特性的影响。

以减压模型试验时流经各级孔板的最大流速作为特征流速，可将不同运行工况下流经

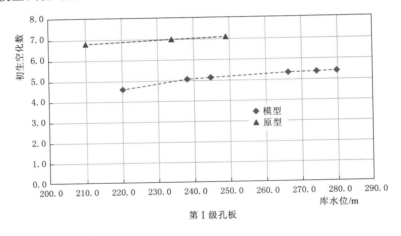

第Ⅰ级孔板

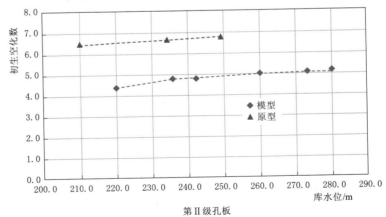

第Ⅱ级孔板

图4-35（一）　原型初生空化数与模型初生空化数的比较

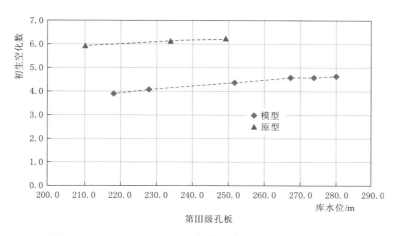

第Ⅲ级孔板

图 4-35（二）　原型初生空化数与模型初生空化数的比较

各级孔板孔口断面的平均流速无量纲化。绘制小浪底工程 1 号孔板泄洪洞在库水位约 210.23m、234.10m 和 249.15m，闸门连续关闭情况下三级孔板的初生空化数和几何比尺为 1∶40 减压模型试验得到初生空化数与孔板孔口无量纲流速的二次方的相关关系图（图 4-36）。由图 4-36 可知：各级孔板的初生空化数均随着孔板断面流速平方增大，且明显分为两个阶段，即当孔板断面流速小于其特征流速时，孔板断面平均流速增大引起各级孔板的初生空化数快速增大；当孔板断面流速大于该临界流速时，其各级孔板的初生空化数随孔板断面平均流速增大而缓慢增加。

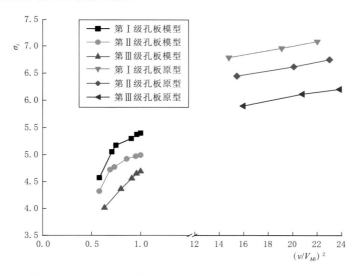

图 4-36　初生空化数与无量纲流速的二次方的对应关系

　　原型中三级孔板的初生空化数与无量纲流速的二次方近似呈线性关系变化，并且在体型一定的条件下，其初生空化数与无量纲流速平方值变化的斜率都大致相近。由此可见，各级孔板的初生空化数与通过孔板的断面平流流速的二次方具有良好的相关关系。尽管各级孔板的初生空化数随着库水位的变化而改变，一旦建立了初生空化数与无量纲流速二次方的经验关系，就可以通过某已知库水位时各孔板的初生空化数，预估其他库水位运行时各孔板的初生空化数，然后通过比较不同泄流工况下各级孔板水流空化数与其初生空化数的大小来判断孔板泄洪洞内的水流空化状态。图 4 - 36 显示减压模型试验确定的各级孔板的初生空化数随无量纲流速二次方的变化与原型观测结果的对应关系明显不同，忽略水质的影响因素，其主要归因于模型孔板与原型孔板的尺度大小及其流经孔板的水流流速差异较大，特别是对于孔板这种以漩涡型空化为主的非流线型体型，其空化初生将受到分离剪切带空间尺度和水流脉动强度的双重影响。由此可见，孔板内消能工的模型缩尺效应对孔板泄洪洞的空化初生数具有较大的影响，分析孔板泄洪洞的水流特征，模型试验缩尺影响的主要因素是体型尺寸大小及水流流速。根据减压模型试验和原型观测资料拟合整理得到各级孔板的原型初生空化数与减压模型试验的初生空化数的经验关系如下

$$\sigma_{pi} = \sigma_{Mi} L_r^{k_1 \beta} + k_2 \left(\frac{V_{pi} - V_{Li}}{V_{Li}} \right)^2 \tag{4-41}$$

式中：σ_{pi} 为原型中孔板的初生空化数；σ_{Mi} 为模型中孔板的初生空化数；L_r 为模型与原型的几何比尺；β 为孔径比；V_{pi} 为原型中流过孔板孔口的平均流速；V_{Li} 为空化模型试验对应孔板孔口的特征流速；k_1、k_2 为经验系数。

k_1 由减压模型试验资料整理拟合得到。对于带消涡环的锐缘孔板，$k_1 - V_{mi}/V_{Li}$ 的关系曲线如图 4 - 37 所示，k_1 值为 $0.052 (v_{mi}/V_{Li})^{-2}$，$k_2$ 值为 $0.036 \sim 0.039$。

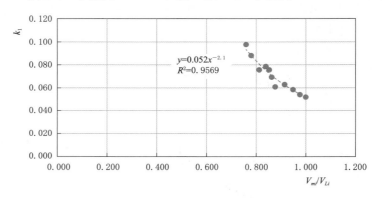

$$y = 0.052 x^{-2.1}$$
$$R^2 = 0.9569$$

图 4 - 37　$k_1 - V_{mi}/V_{Li}$ 的关系曲线

从式（4-41）可以看出，对于多级孔板泄洪洞，在孔板体型已定和不考虑水质差异的情况下，各级孔板的原型初生空化数将大于减压模型的初生空化数，其两者数量值大小与减压模型的模型比尺有关，孔板泄洪洞原型与模型的几何尺寸相差越大，则孔板原型的初生空化数与模型的初生空化数的差值越大。同时，原型孔板的初生空化数还将受到经过孔板孔口平均流速的影响，流经孔口的水流流速越高，其初生空化数也越大。

初生空化是液体内气核发育以致形成空穴的相变现象，即在一定的低压环境下气核发育膨胀至初生空化条件的临界尺寸，其速率不仅受其初始形状大小的控制，而且也与周围液体的热力学性质和气核所承受的环境压力的大小和历时密切相关。对于多级孔板泄洪洞而言，由于模型试验和原型观测期间水体基本处于饱和平衡状态，饱和平衡状态下水体的气核含量及形状大小相近，泄流水体的物理和热力学性质可视为基本相同，故对初生空化

的影响主要是水流的压力、流速等水动力学特性以及可以改变压力分布和流速分布的过流表面的体型尺寸。孔板泄洪洞的水流在临近孔板时急剧收缩，在孔板后由于洞径突然扩大，其主流脱离固定边界发生分离而呈淹没射流形态。孔口射流与周围的水体的流速梯度大，从而发生强剪切流动，射流沿程扩展逐渐向洞壁靠近，在孔板后的突扩区域形成一定范围内的回流区，这种淹没射流的强剪切流动促使剪切带水流剧烈紊动，伴生大量涡体而消耗能量。漩涡的环量、涡核半径及涡心压力与漩涡的旋转剧烈程度有关，孔板孔口射流的流速越高，剪切带内涡体旋转越强，涡心压力越低。当流场中最小压力减小至发生空化的临界压力（通常认为饱和蒸汽压力）时气核将迅速膨胀，促使初生空化。孔板水流属于一种强分离流动，在孔板形状、孔径比及水流流速相同的条件下，尺度大小不同的试验物体其水流分离区域的大小有明显区别，尺度较大的试验物体水流分离区的面积更大，出现低压的长度也相应增加，其气核暴露在低压区内的几率增大，滞留在低压区的时间延长。在流场内最小压力减小至相应水温的蒸汽压力时，可能提供给气核较长的发育时间或机会，导致更加容易诱发初生空化。对小浪底工程1号孔板泄洪洞模型比尺为1:40减压模型试验得到各级孔板的初生空化数按照式（4-41）进行原型各级孔板不同水位的初生空化数的估算，其预测计算值与实测各级孔板的消失水流空化数的误差小于2%，可见其误差可以满足工程设计的精度。原型孔板初生空化数预估结果见表4-24。

表4-24　　　　　　　　　　　　原型孔板初生空化数预估结果

孔板编号	σ_{Mi}	v	k_1	k_2	σ_{Pi}估算值			相对误差/%		
					210m	234m	249m			
第Ⅰ级	4.575	2.778	0.090	0.0385	6.690	6.976	7.169	−1.5	0.2	1.1
	4.985	3.058	0.074	0.0385	6.789	7.025	7.184	0.0	0.9	1.4
	5.075	3.154	0.069	0.0385	6.779	7.001	7.151	−0.2	0.6	0.9
	5.300	3.468	0.057	0.0385	6.726	6.909	7.033	−0.9	−0.7	−0.8
	5.360	3.575	0.054	0.0385	6.705	6.877	6.994	−1.3	−1.2	−1.3
	5.400	3.646	0.052	0.0385	6.696	6.861	6.974	−1.4	−1.4	−1.6
第Ⅱ级	4.255	2.519	0.090	0.038	6.390	6.686	6.872	−0.9	1.0	1.8
	4.615	2.746	0.075	0.038	6.474	6.723	6.880	0.4	1.6	1.9
	4.725	2.832	0.071	0.038	6.490	6.724	6.872	0.6	1.6	1.8
	4.895	3.066	0.061	0.038	6.419	6.619	6.744	−0.5	0.0	−0.1
	4.974	3.225	0.055	0.038	6.358	6.538	6.652	−1.4	−1.2	−1.5
	5.025	3.307	0.052	0.038	6.346	6.517	6.625	−1.6	−1.6	−1.9
第Ⅲ级	3.855	2.519	0.090	0.0365	5.824	6.115	6.298	−1.3	0.2	1.5
	4.015	2.631	0.082	0.0365	5.847	6.114	6.281	−0.9	0.2	1.2
	4.365	2.960	0.065	0.0365	5.853	6.064	6.196	−0.8	−0.7	−0.2
	4.560	3.157	0.057	0.0365	5.888	6.073	6.189	−0.2	−0.5	−0.3
	4.621	3.237	0.054	0.0365	5.888	6.065	6.175	−0.2	−0.6	−0.5
	4.635	3.307	0.052	0.0365	5.848	6.017	6.123	−0.9	−1.4	−1.3

总结小浪底工程 1 号孔板泄洪洞在不同水位时的原型观测资料和模型试验结果发现模型缩尺效应对孔板的初生空化数影响显著，孔板内消能工的初生空化数不仅与孔板尺寸大小有关，而且随孔口流速的升高而增大。在孔板体型完全相同的情况下，由于原型的孔板尺寸和流经孔板的流速均远大于模型的孔板尺寸和流速，导致原型中各级孔板的初生空化数都明显增大，因此，直接采用模型试验确定的初生空化数作为原型水流空化的判别标准可能导致对孔板泄洪洞水流空化状态的估计偏离过大而造成一定的安全隐患，故孔板内消能工水流空化模型试验结果向原型引申时必须考虑缩尺效应的影响。显然，对通过减压模型试验得到的多级孔板的初生空化数进行适当的缩尺效应修正后的结果作为判别各级孔板是否发生水流空化的控制标准可以更好地反映实际工程多级孔板内消能工的水流空化状态。对于某一确定体型的孔板，在不考虑水质影响的条件下，以模型比尺和孔口无量纲流速为主要参数对孔板初生空化数的缩尺效应进行修正可以获得较好的预期结果。为减轻模型缩尺效应对孔板内消能工初生空化数的影响，在试验设备允许的情况下应尽量采用大尺寸的减压模型研究孔板消能工的水流空化特性。

4.6　水力设计方法

孔板泄洪洞采取在压力隧洞段设置一级或多级孔板的洞内消能方式控制洞内水流流速，可以降低洞内高速水流可能引起的空蚀、冲刷及磨损等破坏风险。一般情况下对于固定的孔板形状，孔板消能工的孔径比越小，其阻力系数越大，消能效果也就越好；但是孔径比越小，孔板孔口前水流收缩曲率越大，压力降低幅度越大，过孔射流的流速越高，淹没射流引起的水流紊动越剧烈，越容易诱发空化水流，其泄流能力也会相应减小。可见多级孔板泄洪洞的泄流能力、消能效果及空化空蚀三者是互相影响，互相制约的。泄洪水流发生空化可能引起结构的振动和空蚀破坏，妨碍泄水建筑物的运行安全。故在孔板泄洪洞的设计中提高孔板的消能效果和避免水流空化空蚀是相互制约的一对矛盾，权衡协调孔板消能工的消能效果与水流空化的关系是合理设计孔板泄洪洞时必须妥善处理的关键问题之一。与其他泄水建筑物相同，孔板泄洪洞的水流空化状态可以通过比较其水流空化数与孔板体型的初生空化数的相对大小来判断，如果水流空化数大于体型的初生空化数，则不会发生空化水流；如果水流空化数等于或小于其体型的初生空化数，则将会产生空化水流。在设计过程中事先预测孔板水流的空化特性，准确确定各级孔板的初生空化数，然后使正常运行条件下各级孔板的水流空化数大于或接近其孔板的初生空化数，是避免孔板泄洪洞内发生严重的空化水流、保持正常安全运行的前提。特别是孔板泄洪洞的水流空化特性不仅与孔板体型有关，而且其存在明显的缩尺效应。基于经缩尺效应修正的各级孔板的初生空化数作为判别水流是否发生空化的判别标准，可提出避免多级孔板内消能工发生空化水流的水力设计方法。

孔板泄洪洞的总体布置主要取决工程的地形地质条件和泄洪洞的运行要求，为节省工程投资和简化工程布置，一般情况下，采取孔板泄洪洞与导流隧洞相结合的布置方式。在多级孔板泄洪洞的水力设计阶段，其洞线布置的基本轮廓、设计水位 Z_s、泄洪洞洞径 D 及压力洞段出口的位置及高程均已基本确定，水力设计的任务是根据泄洪洞的基本布置和运用条件设计多级孔板的孔板级数，孔板体型、孔板间距及出口面积，其水力设计方法及步骤如下：

（1）假设孔板泄洪洞在设计水位时的下泄流量为 Q，出口流速收缩断面的流速为 V_0，且多级孔板泄洪洞的压力洞段为自由出流，则出口断面面积 A_0 为

$$A_0 = \frac{Q}{\varepsilon V_0} \tag{4-42}$$

式中：ε 为压力隧洞出口的收缩系数，可根据压力洞出口体型由《水力计算手册》查得。

（2）选择泄洪洞进前断面和压力洞段出口收缩断面建立能量平衡方程，可求得多级孔板泄洪洞的泄流流量为 Q，压力洞段出口收缩断面的最大流速为 V_0 时，有

$$h_{\zeta 2} = Z_s - Z_0 - \frac{h_0}{2} - \frac{Q^2}{2g\varepsilon^2 A_0^2} - h_f - h_{\zeta 1} \tag{4-43}$$

式中：h_0 为压力洞段出口的孔口高度；h_f 为多级孔板泄洪洞进口至出口的沿程水头损失；$h_{\zeta 1}$ 为进口至出口除孔板段以外的局部水头损失之和；$h_{\zeta 2}$ 为多级孔板段的局部水头损失之和。

其中，沿程水头损失 h_f 和局部水头损失 $h_{\zeta 1}$ 的计算方法与常规泄洪洞沿程水头损失和局部水头损失的计算方法相同。

（3）计算满足设计需求的多级孔板消能工的总局部阻力系数 $\sum \zeta_{im}$

$$\sum \zeta_{im} = \frac{\pi^2 g D^4 h_{\zeta 2}}{8Q^2} \tag{4-44}$$

（4）根据泄洪洞体型轮廓初步确定孔板消能工的级数和孔板间距。一般情况下孔板间距可按 $3 \sim 5$ 倍的洞径 D 确定，在泄洪洞轴线长度足够的情况下，孔板间距宜大于 4 倍洞径，以减小相邻孔板之间的水流干扰影响。初步设计时各级孔板的孔径比适宜取值范围为 $0.6 \sim 0.8$，且下一级孔板的孔径比宜约大于前一级孔板的孔径比。按照多级孔板消能工的孔板阻力系数之和 $\sum \zeta_i$ 等于设计需求的总局部阻力系数 $\sum \zeta_{im}$ 为条件，拟定各级孔板的基本体型、孔径比和孔板级数 n，即

$$\sum \zeta_{im} - \sum_n \zeta_i \leqslant 0 \tag{4-45}$$

式中：ζ_i 为第 i 级孔板的局部阻力系数。

（5）在忽略多级孔板对单级孔板阻力系数影响的条件下，单级孔板的阻力系数为

$$\zeta_i = \frac{1 + \sqrt{\zeta'(1-\beta^2)} - \beta^2}{\beta^4} \tag{4-46}$$

式中：β 为孔板的孔径比，ζ' 为形状系数。

ζ' 取决于孔板端部体型，两种典型体型孔板的形状系数如图 4-38 所示。

（6）计算各级孔板上游 0.5 倍洞径 $i-i$ 断面的压力系数 C_{Pi}、时均压强 p_i 及各级孔板的水流空化数 σ_i，即

$$C_{pi} = \frac{\pi^2 D^4}{16A_0^2} - \alpha_i + \sum_i^n \zeta_j + \zeta_c \left(\frac{\pi^2 D^4}{16A_0^2} \right) \tag{4-47}$$

$$\frac{p_i}{\gamma} = C_{pi} \frac{V_D^2}{2g} - Z_i + Z_0 + \frac{h_0}{2} \tag{4-48}$$

$$\sigma_i = \frac{\dfrac{p_i}{\gamma} + \dfrac{p_a}{\gamma} - \dfrac{p_v}{\gamma}}{\dfrac{V_d^2}{2g}} \qquad (4-49)$$

式中：α_i 为 $i-i$ 断面的能量修正系数，可以近似取值 1.0；ζ_c 为压力出口段的局部阻力系数。

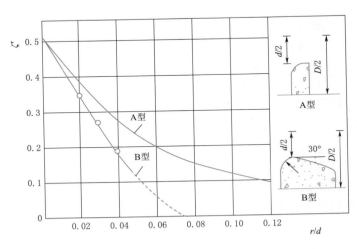

图 4 - 38　两种典型体型孔板的形状系数

对于多级孔板，一般情况下拟定孔板体型应使得前一级孔板的水流空化数约大于后一级孔板的水流空化数。相邻两级孔板的水流空化数满足

$$\frac{\sigma_{i+1}}{\beta_{i+1}^4} = \frac{\sigma_i - \zeta_i}{\beta_i^4} + \frac{2g\Delta Z_i}{V_D^2} \qquad (4-50)$$

（7）按照步骤（4）、（5）、（6）拟定的多级孔板消能工初始体型开展水工模型试验，测量各级孔板关键断面的时均压力和泄洪洞的流量，检验泄洪洞的泄流能力和修正各级孔板的压力系数 C_{Pi} 和水流空化数 σ_i，并根据试验结果和多级孔板泄洪洞的设计运行要求对多级孔板消能工的体型进行适当调整。

（8）针对步骤（7）调整后的多级孔板泄洪洞体型进行减压模型试验，确定模型中各级孔板的初生空化数 σ_{ci}^M，对各级孔板的模型初生空化数进行缩尺效应修正，估算各级孔板的原型初生空化数 σ_{ci}^P，如果孔板消能工采用小浪底工程三级孔板消能工的典型型式，对模型缩尺效应的修正可按经验关系式（4-41）进行。

（9）比较各级孔板水流空化数 σ_i 与其原型初生空化数 σ_{ci}^P 的大小，如果各级孔板的水流空化 σ_i 大于其经修正后初生空化数 σ_{ci}^P，则多级孔板泄洪洞内不会发生空化水流，设计体型满足要求。如果某一级孔板或多级孔板的水流空化数 σ_i 小于其经修正后原型初生空化数 σ_{ci}^P，则继续进行以下步骤。

（10）对于水流空化数 σ_i 大于原型初生空化数 σ_{ci}^P 的各级孔板，绘制各级孔板水流空化

数 σ_i 与多级孔板压力段出口面积 A_0 的关系曲线，根据每一级孔板的原型初生空化数 σ_{ci}^P，由相应孔板消能工的 $\sigma_i - A_0$ 关系曲线查取与之对应的孔口面积 A_0，并以多级孔板泄洪洞的压力洞段出口面积不大于最小出口面积 A_{0min} 作为设计的控制条件，取实际出口面积约小于 A_{0min}，则可以使得多级孔板泄洪洞泄流时各级孔板的水流空化数 σ_i 大于相应孔板的初生空化数 σ_{ci}^P，以避免多级孔板泄洪洞内发生空化水流。在上述多级孔板消能工的体型的设计过程中，重复步骤（5）～步骤（8），通过优化各级孔板的体型及布置，协调各级孔板的原型初生空化数 σ_{ci}^P 与其水流空化数的关系，使各级孔板的水流空化数与其经缩尺效应修正的原型初生空化数对应的出口面积 A_0 大小基本接近，这样可使多级孔板发生空化水流的时刻相近，即各级孔板的体型设计符合等空化的设计原则，从而可在避免发生空化水流的条件下使得多级孔板泄洪洞获得最大的泄流能力。

4.7 减缓泄洪环境影响分析

如前所述，多级孔板消能是在压力隧洞内设置环状孔板以突然减小过流断面，利用水流在孔板附近的突然收缩及孔板后形成压力淹没射流以实现能量消耗，是一种封闭式的压力内消能工。这种压力内消能工不仅具有结构体型简单，水流流态稳定，通过变化孔板体型尺寸可以调控其消能效果的特点，而且在消能过程中没有发生掺气、卷气及泄洪雾化现象。孔板内消能工主要通过水流的急剧收缩形成淹没射流，形成主流与周围水体的强剪切流动，促使剪切带水流强烈紊动、旋滚，消耗能量，整个消能过程都在封闭的洞室内完成。尽管孔板洞室内的水流流速、时均压强沿程变化明显，脉动压强较大，但洞室段水流与大气处于隔绝状态，不会发生气体掺入、逸出，在消能过程中不会引起水体溶解气体含量的变化。因此，如果通过多级孔板连续消能能够使得泄洪出口水流与下游河道平稳衔接，则不会引起下泄水流溶解气体（TDG）过饱和度的变化和泄洪雾化对周边环境的影响。对于利用多级孔板部分消能，泄洪洞出口还留存部分余能的情况，经过多级孔板的连续消能可以有效降低泄洪洞出口水流流速，减小出口水流的余能，从而缓解泄洪洞出口的消能难度和泄洪雾化的影响范围。这里以小浪底工程 1 号孔板泄洪洞观测的泄洪情况为例，分析经过三级孔板消能和未经孔板消能的泄洪雾化影响范围。

小浪底工程 1 号孔板泄洪洞进口高程 175.00m，设进口检修门，通过龙抬头式的连接段，与原导流洞连接，孔板洞的内径为 14.50m。龙抬头段是导流洞改建成孔板泄洪洞时进水塔和导流洞之间的连接段，其洞径为 12.5m，衬砌厚 1.5m，竖向转角 50°。孔板消能段是孔板泄洪洞的核心部位，处在龙抬头段和中闸室段之间。1 号孔板泄洪洞的消能段长为 134.25m，在桩号 0+131.79、0+175.29 和 0+218.79 处分别布置了三道孔板，孔板间距为 43.5m，约为三倍的洞径。Ⅰ级、Ⅱ级、Ⅲ级孔板孔径比 d/D 分别为 0.69、0.724、0.724，孔缘半径 R 分别为 0.02m、0.2m、0.3m。孔板厚均为 2.0m，孔板前的根部还设有 1.2m×1.2m 的消涡环。

孔板消能段后为中闸室，闸室均分成 2 孔，内设 2 扇偏心铰弧形工作门，单闸孔面积为 25.92m^2（4.8m×5.4m）。在桩号 0+284.29 处设计布置了中闸室，偏心铰弧门出口底部设挑坎，挑坎高程为 135.65m；弧门闸孔后侧向突扩 0.5m，底坎高 1.5m，底坎内和侧墙均设直径为 0.90m 的通气孔，与中墩及两侧通气孔相接。

底坎下陡坡 $i = 0.0762$，坡长 45m，在各级库水位时出闸孔的挑射水流均落在陡坡上，底坎下的通气孔不受回流影响。为防止闸孔射出的水流冲击边壁，产生的水翅冲击偏心铰弧门的支铰，在闸孔下游两侧边墙及中墩上均设一宽 0.5m、高 0.5m、长 8.0m 的挡水板。

中闸室下游由城门洞渐变成圆形的渐变段和直径为 14.5m 的圆洞组成，洞内为明流流态。衬砌采用 C70 硅粉混凝土，厚一般为 0.8m，断层及覆盖层较薄段采用 1.2m。孔板泄洪洞的出口均采用挑流将水流挑入下游消力塘的水垫塘内，挑流段长为 30m，挑坎反弧半径为 30.0m，中心角 6°39′56″。1 号孔板泄洪洞出口挑坎宽为 12.0m，坎顶高程为 129.0m。

1 号孔板泄洪洞出口采用挑流消能，其雾化源主要有挑流水舌的掺气裂散和入水激溅两部分。泄洪雾化的纵向影响范围可以按照下式估算

$$L_1 = 10.267 \left(\frac{V_c^2}{2g} \right)^{0.7651} \left(\frac{Q}{V_c} \right)^{0.11745} (\cos\theta)^{0.06217} \qquad (4-51)$$

式中：L_1 为水舌入水点至雾化纵向边界的水平距离，m；V_c 为水舌入水速度，m/s；θ 为水舌入水角度。

考虑空气阻力对挑流水舌的入水速度的影响，水舌入水速度为

$$V_c = \phi_a \sqrt{u_0^2 + 2g \left(Z_0 - Z_2 + \frac{h_0}{2} \cos\alpha \right)} \qquad (4-52)$$

式中：Z_0 为鼻坎坎顶高程，m；Z_2 为下游水面高程，m；V_c 为水舌入水速度，m/s；α 为挑坎出口的挑角；u_0 为鼻坎出口流速，m/s；h_0 为鼻坎末端的水深，m。

挑流雾化的横向影响范围可借鉴李渭新等学者根据东江、鲁布革及白山等多个水电站的原型观测资料总结的雾化横向影响范围 W 与纵向影响长度 L 的经验关系估算，即

$$W \approx 0.6L \qquad (4-53)$$

在闸门全开，库水位分别为 210.23m、234.10m 及 249.15m 泄流情况下，三级孔板的总水头损失依次为 30.69m、42.37m 和 52.4m，分别占相应总水头的 41%、43% 和 46%。不同泄流条件下按照式（4-51）和式（4-53）计算泄洪雾化结果，泄洪雾化影响范围估算见表 4-25，由表 4-25 可以看出，在库水位和下泄流量相同的运行条件下，设置三级孔板消能工的泄洪洞出口流速明显小于未设孔板消能工的泄洪洞出口流速，泄洪雾化影响的纵向长度和横向宽度都明显减小，经过三级孔板消能后其雾化影响范围仅为不设孔板泄洪的影响范围的 51%～56%，可见，利用孔板内消能工降低泄洪洞出口流速能够大大缩小泄洪雾化影响范围，减轻泄洪雾化对周边环境的影响程度。

表 4-25　　　　　　　　　　　泄洪雾化影响范围估算

库水位/m	下游水位/m	Q/(m³/s)	V_0/(m/s)	V_c/(m/s)	挑距/m	纵向长度/m	横向宽度/m	备注
249.15	126	1601	41.1	40.1	67	527	316	
234.10	126	1486	37.1	36.7	59	461	277	无孔板
210.23	126	1290	31.5	31.6	48	367	220	

库水位/m	下游水位/m	$Q/(\text{m}^3/\text{s})$	$V_0/(\text{m/s})$	$V_c/(\text{m/s})$	挑距/m	纵向长度/m	横向宽度/m	备注
249.15	126	1601	30.9	31.6	49	377	226	
234.10	126	1486	28.7	29.6	46	342	205	有孔板
210.23	126	1290	24.9	25.5	37	274	165	

　　总的来说，多级孔板内消能工是一种适用于深峡谷河道水电工程，具有高落差、大流量的泄洪洞，孔板式内消能是在压力隧洞内设置环状孔板（或洞塞），突然减小过流断面，利用水流在孔板附近的突然收缩及孔板后形成压力淹没射流以实现能量消耗的一种封闭式的压力内消能工。这种压力内消能工具有结构体型简单，水流流态稳定，通过变化孔板体型尺寸可以调控其消能效果的特点。对于高水头的泄洪洞采取在压力隧洞段合理地设置多级孔板连续消能的方式可以有效减小洞内压力，控制洞内水流流速，降低洞内高速水流可能引起导致的空蚀、冲刷及磨损破坏风险。利用多级孔板内消能工将施工导流隧洞改建为永久泄洪洞可以节省大量工程投资，解决峡谷河道水电工程枢纽布置空间不足的难题。洪水能量在水流经多级孔板的过程中逐级消耗，从而避免将水流所携带的巨大能量传递至下游，减缓下游泄洪消能的难度。由于孔板消能工消能是在封闭的压力洞室内完成，不存在与外界水气交换机制，故孔板内消能本身不会引起水体溶解气体过饱和及泄洪雾化等次生危害。这样的泄洪消能方式对改善大坝下游水流流态，减轻泄洪水流对下游河道的冲刷，维护河床和岸坡稳定，减轻对周边环境的影响都有积极的作用。

第5章
展　望

　　泄洪消能技术作为水利水电工程正常运行的重要保障技术之一，总是伴随着水利水电建设运行需求的变化而不断发展。而水电作为经济社会发展的重要可再生能源，在保障社会基本用电需求与促进社会经济的快速健康发展等方面均扮演着不可替代的重要作用，尤其在水能资源丰富、开发潜力巨大的发展中国家和落后贫穷地区。在能源短缺的今天，社会经济的可持续发展需要进一步开发利用水电资源。而根据我国的能源发展规划，在未来一段时间内，我国水电开发的主战场将主要位于西南山区及青藏高原地区。这些地区的生态环境比较脆弱，水电开发不仅面临着水头高、流量大、河谷狭窄、地质条件复杂、泥沙多等一系列技术难题，而且生态环境保护需求更为迫切。因此，如本文所述的宽尾墩-台阶面-跌坎型戽池组合式消能技术、环境友好型旋流竖井内消能技术、孔板式内消能技术必然会得到更深入地研究和更广泛地推广应用。

　　进一步地，对于一些对生态环境要求较高、地形地质条件相对较差的水利水电工程，针对性地开展兼顾泄洪消能安全与生态环境保护的技术措施研究也将是未来泄洪消能技术研究的热点之一，而主要的研究方向包括以下两个方面：一方面为基于现状泄洪消能技术研究可减轻生态环境影响的泄洪消能组合型式和运行调度方案，即在现有的挑流消能工、底流消能工、面流消能工、宽尾墩组合式消能工、洞室内消能工技术的基础上，根据具体工程的布置特点及生态环境保护目标，通过体型优化措施、运行调度措施或施加辅助工程等手段，开展环境影响缓解技术的研究、开发与评价；另一方面是针对性地开展可减轻环境影响的泄洪消能技术研究，即为避免泄洪消能对环境的影响，将泄洪消能设施设置于水利水电工程特定范围内，如设置于泄洪洞、岸边山体中等，将泄洪的消能过程对周围环境的影响限制在局部范围内，进而实现最大限度避免大坝泄洪对周围环境的影响。

　　人水和谐是大道。发展生态环境友好的泄洪消能技术，建设环境和谐的水利水电工程是新时期水利水电发展的终极目标，相信在一代代水利人的不懈奋斗下该目标会很快实现。

参 考 文 献

［1］ 水利部水利水电规划设计总院. 水工设计手册 第 7 卷 泄水与过坝建筑物［M］. 2 版. 北京，中国水利水电出版社，2014：15－20.

［2］ 杨洪，喻尊周. 大朝山水电站坝体溢洪表孔采用台阶溢流坝面简介［J］. 云南水力发电，2002，18（4）：21－24.

［3］ 后小霞，杨具瑞，甄建树. 宽尾墩体型对宽尾墩＋阶梯溢流坝＋消力池消能方式中阶梯掺气空腔长度及负压影响研究［J］. 水力发电学报，2014，33（3）：203－210，215.

［4］ 徐玲君. 新型 X 宽尾墩-台阶溢流坝-戽池消力池流场的三维数值模拟［D］. 西安：西安理工大学，2009.

［5］ 尹进步，刘韩生，梁宗祥. 用于大单宽泄洪台阶坝面上的一种新型宽尾墩［J］. 西北水电，2002，（1）：44－46.

［6］ 丁浩铎. "宽尾墩＋台阶坝面＋戽式消力池"联合消能在大华桥水电站的设计应用［J］. 珠江水运，2016（24）.

［7］ 李章浩，尹进步，梁宗祥. 阿海水电站表孔 X 型宽尾墩消能技术初拟体型试验研究［J］. 水资源与水工程学报，2010（4）：122－125.

［8］ DG 水电站招标阶段溢流表孔单体水工模型试验研究报告［R］. 北京：中国水利水电科学研究院，2017.

［9］ 张锦，王海军，李明敏. 跌坎型底流消能工淹没射流掺气浓度分布规律试验［J］. 云南水力发电，31（3）：6－11.

［10］ 刘士和. 高速水流［M］. 北京：科学出版社，2005.

［11］ Chanson H. Prediction of the transition nappe/skimming flow on a stepped channel［J］. Journal of Hydraulic Research，1996，34（3）：421－429.

［12］ Gill M A. Hydraulics of rectangular vertical drop structures［J］. Journal of Hydraulic Research，1979，18（4）：369－370.

［13］ Rajaratnam N，Chamani M R. Energy loss at drops［J］. Journal of Hydraulic Research，1995，33（3）：373－384.

［14］ Boes R M，Hager W H. Hydraulic design of stepped spillways［J］. Journal of Hydraulic Engineering，2003，129（9）：671－679.

［15］ Renna F M，Frantino U. Nappe flow over horizontal stepped chutes［J］. Journal of Hydraulic Research，2010，48（5）：583－590.

［16］ 田嘉宁. 台阶式泄水建筑物水力特性试验研究［D］. 西安：西安理工大学，2005.

［17］ Chinnarasri C，Wongwises S. Flow regimes and energy loss on chutes with upward inclined steps［J］. Canadian Journal of Civil Engineering，2004，31（5）：870－879.

［18］ 高季章，董兴林，刘继广. 生态环境友好的消能技术—内消能的研究与应用［J］. 水利学报，2008，39（10）：1176－1182.

［19］ 邓军，许唯临，雷军，等. 高水头岸边泄洪洞水力特性的数值模拟［J］. 水利学报，2005，36（10）：1－6.

［20］ 程运生. 导流洞改建中旋流消能工的研究与应用［C］. 泄水工程与高速水流，2012，1－10.

［21］ 张建民，许唯临，刘善均，等. 突扩突缩式内流消能工的数值模拟研究［J］. 水利学报，2004，35

（12）：1 - 8.

[22] Odgaard A., Lyons T., Craig A. Baffle – drop structure design relationships [J]. Journal of Hydraulic Engineering, ASCE, 2013, 139 (9)：995 - 1002.

[23] Samuel O Russell, James W Ball. Sudden enlargement energy dissipater for Mica dam [J]. Journal of the Hydraulics Division ASCE, 1967 (7)：41 - 56.

[24] 刘善均, 杨永全, 许唯临, 等. 洞塞泄洪洞的水力特性研究 [J]. 水利学报, 2002, 33 (7)：42 - 46.

[25] 夏庆福, 倪汉根. 洞塞消能的数值模拟 [J]. 水利学报, 2003 (8)：37 - 42.

[26] 孙双科, 刘之平, 周胜, 等. 小湾工程大型导流洞改建为泄洪洞的关键技术研究 [R]. 北京：中国水利水电科学研究院, 1999.

[27] 董兴林. 旋流泄水建筑物 [M]. 郑州：黄河水利出版社, 2011.

[28] Camino G. A., Zhu D. Z., Rajaratnam N. Flow observations in tall plunging flow dropshafts [J]. Journal of Hydraulic Engineering, ASCE, 2015, 141 (1)：06014020.

[29] Zhao C H., Zhu D. Z., Sun S K and Liu Z P. Experimental study of flow in a vortex drop shaft [J]. Journal of Hydraulic Engineering, ASCE, 2006, 132 (1)：61 - 68.

[30] Michael Pfister and Esther Rühli. Junction flow between drop shaft and diversion tunnel in Lyss, Switzerland [J]. Journal of Hydraulic Engineering, ASCE, 2011, 137 (8)：836 - 842.

[31] 董兴林, 高季章, 等. 沙牌水电站导流洞改建旋流式竖井溢洪道水工试验研究报告 [R]. 北京：中国水利水电科学研究院水力学所, 1995.

[32] 郭琰, 倪汉根. 旋流式竖井溢洪道的过流能力及蜗室与锥形渐缩段的水力特性研究 [J]. 水动力学研究与进展, 1995 (2)：97 - 105.

[33] 董兴林, 杨开林, 等. 黄河公伯峡水电站导流洞改建竖井—水平旋流竖井内消能工综合试验研究报告 [R]. 北京：中国水利水电科学研究院水力学所, 2002.

[34] 董兴林, 郭军, 肖白云, 等. 高水头大泄量旋涡竖井式泄洪洞的设计研究 [J]. 水利学报, 2000, 31 (11)：27 - 31.

[35] 巨江, 卫勇, 陈念水. 公伯峡水电站水平旋流竖井内消能工试验研究 [J]. 水力发电学报, 2004, 23 (5)：89 - 91.

[36] 牛争鸣, 孙静, 张鸣远. 竖井进流水平旋转内消能泄水道环流空腔直径的变化规律 [J]. 水利学报, 2003, 34 (2)：31 - 37.

[37] Jain S. C. Free – surface swirling flows in vertical dropshaft [J]. Journal of Hydraulic Engineering, ASCE, 1987, 113 (10)：1277 - 1289.

[38] Jain S. C. Air transport in vortex – flow drop – shafts [J]. Journal of Hydraulic Engineering, ASCE, 1988, 114 (12)：1485 - 1497.

[39] Del Giudice G., Gisonni C. Vortex dropshaft retrofitting：case of Naples city (Italy) [J]. Journal of Hydraulic Research, 2011, 49 (6)：804 - 808.

[40] Hager W. H. Vortex drop inlet for supercritical approaching flow [J]. Journal of Hydraulic Engineering, ASCE, 1990, 116 (8)：1048 - 1054.

[41] Quick M. C. Analysis of spiral vortex and vertical slot vortex drop shafts [J]. Journal of Hydraulic Engineering, ASCE, 1990, 116 (3)：309 - 325.

[42] Chanson H. Air entrainment processes in a full – scale rectangular dropshaft at large flows [J]. Journal of Hydraulic Research, 2007, 45 (1)：43 - 53.

[43] Yu D., Lee J H W. Hydraulics of tangential vortex intake for urban drainage [J]. Journal of Hydraulic Engineering, ASCE, 2009, 135 (3)：164 - 174.

[44] Rajaratnam N. Observations on flow in vertical dropshafts in urban drainage systems [J]. Journal of

Environmental Engineering，ASCE，1997，123 (5)：486 - 491.

[45] Pump C N. Air entrainment relationship with water discharge of vortex drop structures [D]. Iowa：University of Iowa，2011.

[46] Del Giudice G.，Gisonni C.，and Rasulo G. Hydraulic features of the dissipation chamber for vortex drop shafts [C]. Proc. 33rd IAHR congress，2009，Vancouver，Canada，CD - ROM.

[47] Del Giudice G.，Gisonni C.，and Rasulo G. Design of a scroll vortex inlet for supercritical approach flow [J]. Journal of Hydraulic Engineering，ASCE，2010，136 (10)：837 - 841.

[48] Padulano R.，Del Giudice G. Transitional and weir flow in a vented drop shaft with a sharp - edged intake [J]. Journal of Irrigation and Drainage Engineering，ASCE，2016，06016002.

[49] 张晓东，刘之平，高季章. 竖井旋流式泄洪洞数值模拟 [J]. 水利学报，2003 (8)：58 - 63.

[50] Salaheldin T M.，Jasim Imran，Chaudhry M. H. Numercial modeling of three - dimensional flow field around circular piers [J]. Journal of Hydraulic Engineering，ASCE，2004，130 (2)：91 - 100.

[51] 牛争鸣，程庆迎，谭立新. 竖井进流水平旋流内消能泄洪洞流场数值模拟 [J]. 西安理工大学学报，2004，21 (2)：113 - 117.

[52] 付波，牛争鸣，李国栋，等. 竖井进流水平旋转内消能泄洪洞水力特性的数值模拟 [J]. 水动力学研究与进展，2009，24 (2)：164 - 171.

[53] 曹双利，牛争鸣，付波，等. 竖井进流水平旋转内消能泄洪洞的数值模拟 [J]. 西安理工大学学报，2009，25 (3)：263 - 269.

[54] 杨朝晖，吴守荣，余挺，等. 竖井旋流竖井内消能工三维数值模拟研究 [J]. 四川大学学报 (工程科学版)，2007，39 (2)：41 - 46.

[55] 杨忠超，刁明军，邓军. 高水头大流量泄洪隧洞水力特性数值模拟研究 [J]. 水电能源科学，2010，28 (2)：79 - 81.

[56] 郭新蕾，夏庆福，付辉，等. 新型旋流环形堰竖井泄洪洞数值模拟和特性分析 [J]. 水利学报，2016，47 (6)：733 - 751.

[57] 董兴林，杨开林，郭新蕾，等. 旋流喇叭型竖井泄洪洞水力学机理及应用 [J]. 水利学报，2011，42 (1)：14 - 18.

[58] 郭新蕾，付辉，王涛，等. 安徽桐城抽水蓄能电站工程下水库泄洪洞及泄放洞水工模型试验研究报告 [R]. 北京：中国水利水电科学研究院，2018.

[59] Liu Zhiping，Guo Xinlei，Xia Qingfu，Fu Hui，Wang Tao，Dong Xinglin. Experimental and numerical investigation of flow in a newly developed vortex drop shaft spillway [J]. Journal of Hydraulic Engineering，ASCE，2018，144 (5)：04018014.

[60] 董杰英，杨宇，韩昌海，等. 鱼类对溶解气体过饱和水体的敏感性分析 [J]. 水生态学杂志，2012，33 (3)：85 - 89.

[61] 谭德彩. 三峡工程致气体过饱和对鱼类致死效应的研究 [D]. 重庆：西南大学，2006.

[62] 曲璐，李然，李嘉，李克锋，等. 高坝工程总溶解气体过饱和影响的原型观测 [J]. 中国科学：技术科学，2011，41 (2)：177 - 183.

[63] 蒋亮，李嘉，李然，等. 紫坪铺坝下游过饱和溶解气体原型观测研究 [J]. 水科学进展，2008，19 (3)：367 - 371.

[64] Steven CW，Michael LS. Total dissolved gas in the near hield field tailwater of ice harbor dam [J]. International Association for Hydraulics Research，1997，123 (5)：513 - 517.

[65] 李然，李嘉，李克锋，等. 高坝工程总溶解气体过饱和预测研究中国科学 E 辑 [J]. 技术科学，2009，39 (12)：2001 - 2006.

[66] 王琳，冯镜洁，李然. 鱼道内过饱和总溶解气体释放规律的试验研究 [J]. 工程科学与技术，2017，49 (6)：30 - 37.

[67] 蒋亮，李嘉，李然，等.紫坪铺坝下游过饱和溶解气体原型观测研究 [J].水科进展，2008，19（3）：367-371.

[68] 蒋亮，李然，李嘉，等.高坝下游水体中溶解气体过饱和问题研究 [J].四川大学学报（工程科学版），2008，40（5）：69-73.

[69] 王煜，戴会超.高坝泄流溶解氧过饱和影响因子主成分分析 [J].水电能源科学，2010，28（11）：94-96，173.

[70] 黄翔，李克锋，李然，等.模拟高坝泄水 TDG 过饱和的实验系统研究 [J].四川大学学报（工程科学版），2010，42（4）：25-28.

[71] 冯镜洁，李然，李克锋，等.高坝下游过饱和 TDG 释放过程研究 [J].水力发电学报，2010，29（1）：7-12.

[72] 付小莉，沈超.溢洪道挑流坎对消力池内过饱和气体的影响分析 [J].水电能源科学，2015，33（6）：113-116.

[73] 彭期冬，廖文根，禹雪中，等.三峡水库动态汛限调度对气体过饱和减缓效果研究 [J].水力发电学报，2012，31（4）：99-103.

[74] 林秀山，沈凤生.小浪底水利枢纽孔板泄洪消能研究 [J].水利水电技术，2000，31（1）.

[75] 李玉柱，周炳烺，冬俊瑞，等.有压泄洪洞内多级孔板消能的试验研究 [J].水利水电技术，1988（7）.

[76] 才君梅.孔板消能工的试验及数值分析 [D].北京：清华大学，1995.

[77] 徐福生，于明祥，刘树军.多级孔板空化与脉动压力特性 [J].水动力学研究与进展，A 辑，1988（3）.

[78] 林秀山，沈凤生.小浪底水利枢纽泄洪消能研究 [J].水利水电技术，2000，31（1）.

[79] Wan-zheng AI, Tian-ming DING. Orifice Plate Cavitation Mechanism and its Influencing Factors [J]. Water Science and Engineering，2010. 3（3）：321-330.

[80] F. NUMACH I, M. YAMAB E, R. OBA. Cavitation Effect on the Discharge Coefficient of the Sharp-Edged Orifice Plate [J]. Journal of Fluids Engineering，ASME，March，1960.

[81] 李忠义，陈霞，等.小浪底孔板泄洪洞减压模型试验研究报告 [R].北京：中国水利水电科学研究院，1992.

[82] 张东，李咏梅，等.小浪底 1 号孔板洞库水位 210m 原型过流水流空化特性分析报告 [R].北京：中国水利水电科学研究院，2000.

[83] 张东，李咏梅，等.小浪底 1 号孔板洞库水位 234m 过流水力学原型观测报告 [R].北京：中国水利水电科学研究院，2000.

[84] 吴一红，章晋雄，等.小浪底 1 号孔板洞 250m 高水位原型过流水力学项目原型观测报告 [R].北京：中国水利水电科学研究院，2012.

[85] 才君梅，沈熊.有压泄洪洞多级孔板消能室的紊流特性试验研究 [J].水利学报，1987（4）.

[86] 艾万政.孔板式消能工水力特性 [M].北京：海洋出版社，2015.

[87] 谢省宗，铁灵芝，等.黄河小浪底泄洪洞孔板式消能工脉动振动问题研究报告 [R].北京：中国水利水电科学院，1985.

[88] 高建生，丁则裕，沈熊.有压管道双孔板水流消能特性试验研究 [J].水利学报，1989（10）.

[89] 华绍曾，杨学宁等编译.实用流体阻力手册 [M].北京：国防出版社，1983.

[90] 赵慧琴，武彩萍.龙抬头泄洪洞多级孔板优化研究 [R].郑州：黄河水利委员会黄河水利科学研究院，1993.

[91] 赵慧琴.多级孔板消能系数问题探讨 [J].水利水电技术，1993（6）.

[92] 李忠义，陈霞.导流洞改建为孔板泄洪洞水力学问题研究 [J].水利学报，1997（2）：1-7.

[93] 倪汉根.气核-空化-空蚀 [M].成都：成都科技大学出版社，1993.

［94］ 孙双科，刘之平.泄洪雾化降雨的纵向边界估算［J］.水利学报，2003（12）：53－57.

［95］ 李渭新，王韦，许唯临，等.挑流消能雾化范围的预估［J］.四川联合大学学报，1999，3（6）：17－22.

［96］ 蒋亮，李然，李嘉，等.高坝下游水体中溶解气体过饱和问题研究［J］.四川大学学报（工程科学版），2008（5）：69－73.

［97］ Jingying L，Ran L，Qian M，et al. Model for Total Dissolved Gas Supersaturation from Plunging Jets in High Dams［J］. Journal of Hydraulic Engineering，2019，145（1）.

［98］ 曲璐，李然，李嘉，等.高坝工程总溶解气体过饱和影响的原型观测［J］.中国科学：技术科学，2011（2）：177－183.

［99］ 曲璐，李然，李嘉，等.龚嘴水电站总溶解气体过饱和原型观测结果分析［J］.水利学报，2011（5）：523－528.

［100］ Stewart K M W A M H. Total dissolved gas prediction and optimization in Riverware［J］. 2015.

［101］ Chen X，Chau K，Wang W. A novel hybrid neural network based on continuity equation and fuzzy pattern－recognition for downstream daily river discharge forecasting［J］. Journal of Hydroinformatics，2015，17（5）：733－744.

［102］ Chen X Y，Chau K W. A Hybrid Double Feedforward Neural Network for Suspended Sediment Load Estimation［J］. Water Resources Management，2016，30（7）：2179－2194.

［103］ Heddam S. Generalized Regression Neural Network Based Approach as a New Tool for Predicting Total Dissolved Gas（TDG）Downstream of Spillways of Dams：a Case Study of Columbia River Basin Dams，USA［J］. Environmental Processes，2017，4（1）：235－253.

［104］ Orlins J J，Gulliver J S. Dissolved gas supersaturation downstream of a spillway II：Computational model［J］. 2000，38（2）：151－159.

［105］ Politano M S P M. About bubble breakup models to predict bubble size distributions in homogeneous flows［J］. Chemical Engineering Communications，2003，3（190）：299－321.

［106］ Politano M S，Carrica P M，Turan C，et al. A multidimensional two－phase flow model for the total dissolved gas downstream of spillways［J］. Journal of Hydraulic Research，2007，45（2）：165－177.

［107］ 程香菊，陈永灿.大坝泄洪下游水体溶解气体超饱和理论分析及应用［J］.水科学进展，2007（3）：346－350.

［108］ 陈雪巍，程香菊，詹威.大坝下游水体溶解气体浓度超饱和模型研究进展［J］.科技导报，2009，27（17）：101－105.

［109］ Yang H，Li R，Liang R，et al. A parameter analysis of a two－phase flow model for supersaturated total dissolved gas downstream spillways［J］. Journal of Hydrodynamics，2016，28（4）：648－657.

［110］ Ren Z，Han S，Li K，et al. A Study of Pollutant Transport Characteristics in Yangtze River Estuary Based on the Lagrange's Method［J］. Journal of Coastal Research，2020，111（spl）.

［111］ 刘之平，刘晓波.水利工程环境安全保障及泄洪消能技术研究［J］.中国环境管理，2017，9（5）：107－108.

［112］ 张政，肖柏青.高坝下游水中总溶解气体过饱和研究进展［J］.人民长江，2020，51（4）：14－19.

［113］ 曾晨军，莫康乐，关铁生，等.水库泄水总溶解气体过饱和对鱼类的危害［J］.水利水运工程学报，2020（6）：32－41.

［114］ EBEL W. Supersaturation of nitrogen in the Columbia River and its effect on salmon and steelhead trout［J］. U. S. Fish Wildl. Serv.，Fish. Bull.，1969，68.

［115］ US Army Corps Of Engineers － Northwest Division E R A F. Technical Analysis of TDG Processes

[J]. 2005.

[116] 邹琴，刘四华，黄翔，等. 大渡河过饱和溶解气体原型观测研究 [J]. 工程科学与技术，2021，53 (1)：139 – 145.

[117] Jingying L，Ran L，Qian M，et al. Model for Total Dissolved Gas Supersaturation from Plunging Jets in High Dams [J]. Journal of Hydraulic Engineering，2019，145 (1).

[118] 冯镜洁，李然，史春红，等. 阻水介质对过饱和总溶解气体释放过程影响的实验研究 [J]. 西南民族大学学报（自然科学版），2017 (1)：89 – 94.

[119] 冯镜洁，脱友才，黄文典，等. 过饱和 TDG 释放系数与泥沙含量的关系研究 [J]. 人民珠江，2016 (7)：31 – 36.

[120] Experimental and field study on dissipation coefficient of supersaturated total dissolved gas [J]. J. Cent. South Univ.，2014，1 (21)：1995 – 2003.

[121] 黄菊萍，黄膺翰，欧洋铭，等. 基于 Eulerian – Lagrangian 模型的库区溶解气体时空分布和对鱼类影响的模拟 [J]. 清华大学学报（自然科学版），2020：1 – 9.

[122] Yuan Y，Huang Y，Feng J，et al. Numerical Model of Supersaturated Total Dissolved Gas Dissipation in a Channel with Vegetation [J]. Water，2018，10 (12)：1769.

[123] 彭期冬，廖文根，禹雪中，等. 三峡水库动态汛限调度对气体过饱和减缓效果研究 [J]. 水力发电学报，2012 (4)：99 – 103.

[124] 袁佺，袁嬝，王远铭，等. 长薄鳅对过饱和总溶解气体的回避特征研究 [J]. 水生态学杂志，2017，38 (4)：77 – 81.

[125] 宋明江，刘亚，龚全，等. 总溶解气体过饱和对达氏鲟急性致死效应 [J]. 淡水渔业，2018，48 (5)：17 – 21.

[126] 王煜，戴会超. 高坝泄流溶解氧过饱和影响因子主成分分析 [J]. 水电能源科学，2010 (11)：94 – 96.

[127] Li R，Li J，Li K，et al. Prediction for supersaturated total dissolved gas in high – dam hydropower projects [J]. Science in China Series E：Technological Sciences，2009，52 (12)：3661 – 3667.

[128] Han S H J. PREDICTING TOTAL DISSOLVED GAS (TDG) DOWNSTREAM OF SPILLWAYS OF DAMS BASED ON DATA – DRIVEN THEORY [C].

[129] Urban A L，Gulliver J S，Johnson D W. Modeling Total Dissolved Gas Concentration Downstream of Spillways [J]. Journal of Hydraulic Engineering，2008，134 (5)：550 – 561.

[130] 冯镜洁，李然，唐春燕，等. 含沙量对过饱和总溶解气体释放过程影响分析 [J]. 水科学进展，2012 (5)：702 – 708.

200